Berichte

des

Verbandes der Laboratoriums-Vorstände

an deutschen Hochschulen.

Elftes Heft.

(19. September 1909.)

Leipzig
Verlag von Veit & Comp.
1909

INHALT.

Berichtigungen zu Heft 10.

a) Die Zeugnisse 1895, 5027, 5189 und 6305 sind aus Versehen zweimal aufgeführt.
b) Chil. Lachs (VIII. S. 27) hat Nr. **5164** und nicht 5169.

Duplikate.

Im Laufe des Jahres ist der Verlust folgender Zeugnisse angezeigt worden. Die Inhaber erhielten Duplikate.

Nr.	Inhaber	Aussteller
1742	Karl Janson,	Prof. v. Knorre.
5953	Sylvester Obizzi,	» Beckmann.
4858	Karl Klotz,	» Harries.
2025	Felix Hildebrandt,	» Ostwald.
1080	Herrmann Flohr,	» Zincke.
3849	Fritz Poser,	» Beckmann.
2127	Friedrich Gothe,	» R. Meyer.
2897	Otto Braun,	» Beckmann (ohne Prüf. in org. Ch.).

A.

Das Braunschweiger Statut

des Verbandes der Laboratoriums-Vorstände an deutschen Hochschulen.

1. Zur Pflege und Förderung des chemischen Unterrichtes an den deutschen Universitäten und technischen Hochschulen bilden die Vorstände der chemischen Unterrichtslaboratorien einen Verband, der den Namen

„Verband der Laboratoriums-Vorstände an deutschen Hochschulen"

führt und seinen Sitz in München hat.

2. Mitglied des Verbandes wird auf seinen Antrag jeder Vorstand eines chemischen Unterrichtslaboratoriums an einer der unter 1. genannten Anstalten.

3. Der Verband verfolgt seine Zwecke:

a) durch den Verkehr mit Behörden und anderen Körperschaften;
b) durch Vereinbarungen über gemeinsame Maßnahmen zur Sicherung einer gründlichen Ausbildung der Studierenden;
c) durch die Herausgabe einer Verbandszeitschrift;
d) durch den persönlichen Verkehr der Mitglieder.

4. Die Angelegenheiten des Verbandes werden durch einen Vorstand geleitet, der aus folgenden Gliedern besteht:

Erster und zweiter Vorsitzender;
Schriftführer, zugleich Leiter der Verbandszeitschrift;
Schatzmeister;
Zwei Beisitzer.

Die Glieder des Vorstandes werden auf je drei Jahre gewählt; jährlich scheiden zwei von ihnen aus; Wiederwahl ist zulässig.

5. Der Verband tritt in der Regel jährlich zu einer Hauptversammlung zusammen, welche den Rechenschaftsbericht des Vorstandes entgegennimmt, die Wahlen ausführt, über Zeit und Ort der nächsten Versammlung, sowie über eingelaufene Anträge beschließt.

Die Hauptversammlung beschließt mit einfacher Mehrheit; für Satzungsänderungen ist Zweidrittelmehrheit erforderlich.

Außerordentliche Versammlungen können durch den Vorstand und müssen auf Antrag von einem Drittel der Mitglieder einberufen werden.

Der Verband stellt sich zunächst folgende Aufgaben:

Zum Abschluß der Vorbildung der Studierenden findet eine praktische Prüfung in qualitativer, quantitativer und Maß-Analyse, ferner eine mündliche Prüfung in der unorganischen, analytischen Chemie und in den Elementen der organischen Chemie statt, welche in der Regel durch den unmittelbaren

Lehrer des Studierenden (Assistent, Abteilungsvorstand) in Gegenwart des Direktors abgenommen wird. Diese Prüfung ist einheitlich an allen dem Verband angehörigen Laboratorien, sie steht in keinem Zusammenhange mit dem Doktor- oder Diplom-Examen oder mit der Frage des Staatsexamens und gilt nur als Ausweis über die vom Verbande geforderten Kenntnisse.

Der Verband sieht es ferner als seine Aufgabe an, den Studierenden der technischen Hochschulen die Zulassung zur Promotion, sowie umgekehrt den Studierenden der Universitäten die Zulassung zu den Diplomprüfungen möglichst zu erleichtern.

Endlich soll der Verband eine korporative Vertretung gegenüber Behörden, Ministerien usw. bilden.

Die Berichte des Verbandes werden etwa Mitte September herausgegeben; sie enthalten die Register über die an den einzelnen Laboratorien ausgestellten Verbandszeugnisse und über die vollzogenen Promotionen (mit Angabe der bearbeiteten Themen) und die dazu gehörigen nach Hochschulen geordneten Übersichten.

Die Berichte können durch den Buchhandel oder vom Sekretär des Verbandes, Dr. W. Böttger, Leipzig, Linnéstraße 2, bezogen werden.

Der Verband ist in Braunschweig am 19. September 1897 gegründet worden und trat mit dem 1. April 1898 in Tätigkeit. Das Geschäftsjahr beginnt am 1. Oktober. Der Jahresbeitrag ist an den Schatzmeister Herrn Prof. Dr. Liebermann, Berlin W., Mathäikirchstr. 29 durch Postanweisung mit bezüglichem Vermerk einzusenden.

Verzeichnis des Vorstandes und der Mitglieder siehe Seite 14.

B.

Ausführungsbestimmungen

für die Verbandsprüfung,

angenommen in der Verbandsversammlung vom 12. März 1898.

---

§ 1.

Das Verbandsexamen besteht aus einer praktischen Prüfung in qualitativer, quantitativer und Maßanalyse und ferner in einer mündlichen Prüfung in analytischer und unorganischer Chemie, sowie in den Elementen der organischen Chemie.

§ 2.

Der Zweck dieser Prüfung ist ein dreifacher. Für die Studierenden soll dieselbe ein Abschluß für die Vorbereitungsstudien sein. Den Laboratoriumsvorständen soll dadurch ein Mittel an die Hand gegeben werden, um einerseits zu kontrollieren, ob die in ihrem Laboratorium arbeitenden Studierenden nach allen Seiten hin in der elementaren Chemie hinreichend ausgebildet sind; und anderseits die fremden Studierenden, welche von anderen Hochschulen oder von Privatlaboratorien kommen, auf ihre Kenntnisse zu prüfen und eventuell zu einer Repetition zu veranlassen. Drittens soll die Prüfung den Industriellen oder anderen Personen, welche Chemiker anstellen, eine Garantie dafür geben, daß der Bewerber die notwendigen elementaren Kenntnisse besitzt. Die bisherigen Einrichtungen haben erfahrungsmäßig hierfür nicht ausgereicht.

§ 3.

Da durch die Verbandsprüfung eine gleichmäßige Ausbildung dei Studierenden in den Elementen erzielt werden soll, so ist selbstverständlich, daß die Anforderungen an allen Hochschulen in sachlicher Beziehung einheitlich sein müssen Dagegen kann die Form, in der sich der Lehrer von dem Vorhandensein der geforderten Kenntnisse überzeugt, eine verschiedene sein. So kann z. B. an technischen Hochschulen ein Verbandszeugnis auf Grund einer Diplomprüfung oder einer Schlußprüfung ausgestellt werden, wenn in letzteren mindestens ebensoviel verlangt wird als in der Verbandsprüfung. Auch an Universitäten soll kein besonderer Modus für das Examen vorgeschrieben werden. Es bleibt dem Examinator überlassen, wie er sich von dem Vorhandensein der Kenntnisse überzeugen will, er haftet aber durch seine Namensunterschrift dafür, daß der Kandidat zur Zeit der Prüfung die vom Verbande geforderten Kenntnisse besessen hat. Verbandszeugnisse auf

Grund der Versicherung eines Studierenden, daß er die geforderten Kenntnisse besitze, oder auf das Zeugnis eines anderen Lehrers hin auszustellen, ist daher unzulässig. Was die Ausführung der praktischen Prüfung betrifft, so kann die Überwachung derselben von dem Vorstande einem Abteilungsvorstand oder Assistenten übertragen werden, der Vorstand übernimmt aber persönlich die Verantwortung und bescheinigt das Bestehen der Prüfung durch seine Namensunterschrift. In Laboratorien, wo ein Laboratoriumsjournal eingeführt ist, kann das Bestehen der praktischen Prüfung auch auf Grund dieses Journals bezeugt werden.

§ 4.

Die praktische Prüfung und die mündliche Prüfung in der analytischen und in der unorganischen Chemie muß an ein und derselben Hochschule innerhalb 6 Monaten abgelegt werden. So kann z. B. die praktische Prüfung am Ende des Sommersemesters, die mündliche zu Anfang des Wintersemesters stattfinden. Stets muß aber die praktische Prüfung der mündlichen vorangehen. Verbandszeugnisse über die praktische Prüfung allein haben daher an einer anderen Hochschule keine Gültigkeit.

Die mündliche Prüfung in organischer Chemie kann auch an einer anderen Hochschule und zu einer beliebigen Zeit abgehalten werden.

§ 5.

Als erstrebenswertes Ziel wird hingestellt, daß der Examinator nur solche Studierende examiniert, die in seinem Laboratorium gearbeitet haben. Den tatsächlichen Verhältnissen entsprechend, ist es indessen auch gestattet, fremde Studierende zu prüfen, namentlich auch solche, welche auf ausländischen Anstalten studiert haben. Beanspruchen können die Zulassung indessen nur diejenigen, welche mindestens ein Semester in dem betreffenden Laboratorium gearbeitet und sich nach Ansicht des Vorstandes die nötigen Kenntnisse erworben haben. Der Eintritt in den Verband verpflichtet den Laboratoriumsvorstand, solche Studierende zu prüfen, während die Prüfung von andern seinem freien Ermessen anheimgestellt wird. Die Prüfung erfolgt auf Antrag des Studierenden oder auf Wunsch des Vorstandes. Besteht der Studierende die Prüfung nicht, so wird auch kein Zeugnis ausgestellt. Vorschriften über die Wiederholung der Prüfung werden nicht gegeben.

Die Verbandsmitglieder sind verpflichtet, nur solchen Studierenden, welche die Verbandsprüfung bestanden haben, ein Thema für eine Doktorarbeit zu geben.

§ 6.

Umfang der Verbandsprüfung.

Die praktische Prüfung.

Die praktische Prüfung zerfällt in drei Teile:

a) Ausführung einer qualitativen Analyse.

In dieser Prüfung wird gefordert, daß der Kandidat in einem eigens zu diesem Zweck dargestellten Gemisch alle Bestandteile nachweist. Das Gemisch soll eine größere Anzahl von Stoffen enthalten, aber nur solche, welche in dem allgemein üblichen Gang der Analyse vorkommen.

b) Quantitative Analyse.

In der quantitativen Analyse wird das Hauptgewicht auf die Genauigkeit der Bestimmung gelegt. Dem Kandidaten ist die qualitative Zusammensetzung der Mischung mitzuteilen, er hat darin zwei bis drei Stoffe, deren Trennung und Bestimmung in dem üblichen analytischen Gang vorkommen, quantitativ zu bestimmen.*)

c) Maßanalytische Aufgabe.

Bei diesem Teile der Prüfung muß der Kandidat alle zur Verwendung kommenden Normallösungen selbst darstellen.

---

*) Da die Ansichten über das, was in der quantitativen Analyse gefordert werden muß, ziemlich weit auseinandergehen, sind im folgenden einige Beispiele von Aufgaben aufgeführt:

1. Gemisch von Chlorkalium und Jodkalium.
   In einer Portion ist Jod und Chlor zu bestimmen, in einer zweiten Alkali als Sulfat.
2. Kupfersulfat und Mohrsches Salz.
   In einer Portion Kupfer und Eisen.
3. Kupfersulfat und Zinksulfat.
   In einer Portion Kupfer und Zink, in einer zweiten Schwefelsäure.
4. Magnesiumsulfat und Kaliumsulfat, nicht das Doppelsalz.
   In einer Portion Magnesium und Kalium, in einer zweiten Schwefelsäure.
5. Quecksilberchlorid und Wismutnitrat.
6. Chromalaun und Tonerdealaun.
7. Kaliumpermanganat und Kupfersulfat.
8. Chlorkalium, Chlornatrium, Chlorammonium.
   In einer Portion Kalium und Natrium, in einer zweiten Chlor.
9. Schwefelkadmium und Zinnober mit Schwefel gemengt.
   Schwefel durch Schmelzen zu oxydieren und als Baryumsulfat zu bestimmen.
10. Reiner Orthoklas und Quarzpulver.
    Kieselsäure- und Tonerdebestimmung.

Die mündliche Prüfung.

Die mündliche Prüfung zerfällt in drei Abschnitte:

a) Analytische Chemie.

In der qualitativen Analyse soll der Kandidat den Nachweis der in dem üblichen Gang vorkommenden Stoffe kennen. In der quantitativen Analyse wird die Kenntnis der Trennungs- und Bestimmungsmethoden der wichtigeren Elemente und ihrer Verbindungen verlangt.

b) Unorganische Chemie.

In diesem Fache wird die Kenntnis der Disziplin in dem Umfange gefordert, wie sie in der Regel in den Vorlesungen über unorganische Experimentalchemie vorgetragen wird.

c) Organische Chemie.

Kenntnisse der Grundsätze der organischen Chemie.

v. Baeyer, Vorsitzender. **E. Beckmann,** Schriftführer.

Erläuterungen.

A. zum Verbandszeugnis.

1. **Vorbildung.** In dieser Rubrik ist anzugeben der Charakter der Schule, die besucht wurde und die darin absolvierte Stufe, oder die bereits bestandene staatliche Prüfung (Apotheker) bezw. der erreichte akademische Grad (Bachelor of Science).

2. **Examinator.** Durch Eintragung der Namensunterschrift in die mit Examinator bezeichnete Kolumne wird bescheinigt, daß der Kandidat den betreffenden Teil der Prüfung bestanden hat. In dieser Rubrik sind nur die Namen der Mitglieder des Verbandes anzugeben, dagegen nicht die Namen der etwa examinierenden Assistenten oder Abteilungsvorsteher. Ist der Laboratoriumsvorstand durch Krankheit oder längere Abwesenheit verhindert, so tritt der amtliche Stellvertreter nach erfolgter Anzeige beim Vorstande des Verbandes in alle Rechte und Pflichten des Laboratoriumsvorstandes dem Verbande gegenüber ein.

3. **Art der Prüfung.** Diese Kolumne wird ausgefüllt mit V. oder D, oder N. — V. bedeutet »Verbandsprüfung«, D. »Diplomprüfung« und N. »Nahrungsmittelchemiker-Vorprüfung«.*)

4. **Gültigkeit** erhält das Verbandszeugnis erst durch das Bestehen in allen vier Teilen der Prüfung. Der Examinator, welcher zuletzt prüft, fertigt das Zeugnis aus, indem er seinen Namen in die zweite Kolumne einträgt, und außerdem den Passus: »In das Register eingetragen« mit Datum und mit seiner Namensunterschrift versieht.

5. **Eintragung in die Listen.** Jede erledigte Prüfung wird in das Register eingetragen. Auf Grund dieser Listen erfolgt die Veröffentlichung in den vom Verband herausgegebenen Berichten. Die Bekanntgabe einer Prüfung an den Sekretär erfolgt aber erst, nachdem alle Teile derselben erledigt sind. Es sind demgemäß in die Listen, die dem Sekretär eingesandt werden, nur die Kandidaten aufzunehmen, die auch die Prüfung in organischer Chemie bestanden haben. Hat ein Kandidat die Prüfung an zwei Laboratorien abgelegt, so wird der Name des Kandidaten nur in der Liste desjenigen Mitgliedes geführt, bei welchem der letzte Teil erledigt worden ist. Als Nummer des Zeugnisses ist die aufgedruckte Nummer in das Register einzutragen.

6. **Aushändigung der Zeugnisse.** Das Zeugnis darf dem Studierenden zur Legitimation erst ausgehändigt werden, nachdem die praktische Prüfung, sowie die mündlichen Prüfungen in unorganischer und analytischer Chemie bestanden und im Zeugnisformular bescheinigt worden sind.

7. **Meldung zur Promotion.** Die Studierenden werden gebeten, bei den Eingaben um Zulassung zur Promotion neben den anderen Papieren auch das Verbandszeugnis zwecks Erleichterung der statistischen Zusammenstellung vorzulegen.

8. **Ausstellung eines Duplikats.** Wenn ein Zeugnis verloren geht oder durch Beschädigung unbrauchbar wird, kann dem Kandidaten ein Duplikat ausgestellt werden. Entsprechende Formulare ohne aufgedruckte Nummer sind im Bedarfsfalle vom Sekretär zu beziehen. Der Name des Empfängers eines Duplikats und die Zeugnisnummer werden im nächsten Verbandsbericht bekannt gegeben. Bei der Bestellung eines Duplikatformulars wolle man daher gleich die entsprechenden Angaben machen.

9. **Ergänzungsprüfungen.** Prüfungen in anderen Spezialfächern der Chemie und sonstigen Fächern werden unter Ergänzungsprüfungen bescheinigt.

---

*) In Karlsbad ist beschlossen worden: Ein Verbandsmitglied, welches Examinator in der Vorprüfung für Nahrungsmittel-Chemiker ist und das zweimalige Examinieren vermeiden will, kann im Verbandszeugnis die mündlichen Prüfungsabschnitte auf Grund der Nahrungsmittelchemiker-Vorprüfung bescheinigen, wenn diese in einem dem Verbandsexamen entsprechenden Umfange abgehalten werden. Voraussetzung ist dabei jedoch, daß der Kandidat nicht länger als sechs Monate vorher bei demselben Verbandsmitgliede den praktischen Teil der Verbandsprüfung absolviert hat. Die praktische Prüfung nach der mündlichen abzuhalten, ist in keinem Falle gestattet. Für die Bestätigung dieser mündlichen Prüfungen auf den Zeugnissen und in den Listen wird die Abkürzung »N« eingeführt.

B. zu den Ergänzungsprüfungen.

1. Ergänzungsprüfungen können nur an Universitäten oder technischen Hochschulen von den Vertretern des betreffenden Faches vorgenommen werden. In Bezug auf den Gegenstand der Prüfung findet keine Einschränkung statt.

2. Den Ergänzungsprüfungen muß die vollständige Erledigung der Verbandsprüfungen vorausgegangen sein.

3. Die bestandenen Prüfungen werden von einem an dem betreffenden Orte ansässigen Mitgliede des Verbandes mit dem Datum der Prüfung und der Nummer des Verbandszeugnisses registriert und in den vom Verbande herausgegebenen Berichten veröffentlicht. Der Kandidat hat zu diesem Zwecke das Zeugnis nach Eintragung einer Ergänzungsprüfung (eventuell mehrerer) dem, bezw. einem Professor der Chemie dieser Hochschule vorzulegen. Die Register sind mit den übrigen am Ende des Wintersemesters an den Sekretär einzusenden.

4. Der Gegenstand der Prüfung ist unzweideutig, wenn möglich mit einem Hinweis über den Umfang der nachgewiesenen Kenntnisse, im Zeugnisse (unter »Bemerkungen«) und im Register anzugeben.

C.

PROTOKOLL

der

XI. Jahresversammlung der Laboratoriumsvorstände deutscher Hochschulen

am 20. September 1908

im Prüfungszimmer der Handelshochschule zu Köln.

Anwesend die Herren: Anschütz, Beckmann, Hantzsch, Krafft, Liebermann, E. v. Meyer, R. Meyer, Möhlau, Ruff.

Herr Beckmann teilt der Versammlung mit, daß Herr v. Baeyer aus Rücksicht auf seine Gesundheit verhindert ist, nach Köln zu kommen.

Als stellvertretender Vorsitzender wird Herr Beckmann gewählt.

1. Herr Beckmann erstattet Bericht über die im verflossenen Jahre aufgetauchten Fragen:

Über die neuen Zeugnisformulare sind einige Klagen gemeldet worden, die jedoch von den Anwesenden nicht unterstützt werden. Herr R. Meyer hebt bei dieser Gelegenheit hervor, daß bisweilen mit dem Verbandszeugnis Mißbrauch getrieben werde in der Weise, daß demselben den Eltern oder Industriellen gegenüber der Charakter einer abschließenden Fachprüfung beigelegt werde. Um dem vorzubeugen, regt er an, auf der Titelseite einen entsprechenden Vermerk aufzudrucken, welcher unzweideutig zum Ausdruck bringt, daß durch das Zeugnis nur der Besitz **elementarer Kenntnisse** und **Fertigkeiten** bescheinigt wird. An der Diskussion beteiligen sich die Herren Anschütz und Hantzsch. Herr Anschütz schlägt vor, § 2 der Ausführungsbestimmungen aufzudrucken und Herr Hantzsch ergänzt diesen Vorschlag dahin, daß der letzte Satz fortgelassen werden soll. Beschluß soll auf der nächsten Versammlung gefaßt werden.

In betreff der Ausstellung und Registrierung der Zeugnisse ist folgendes in Erinnerung zu bringen:

Um zu vermeiden, daß Zeugnisse in den Berichten in einem anderen Semester aufgeführt werden, als in dem der Prüfung, ist zu wünschen, daß die Eintragung in das Register am Tage der Prüfung erfolgt. Wenn die Prüfung aber später eingetragen wird, gilt der Termin der letzten Prüfung als Ausfertigungsdatum.

In die Register werden nur solche Kandidaten aufgenommen, welche auch die Prüfung in Organischer Chemie bestanden haben.

Für die Registrierung der **Ergänzungsprüfungen** stehen besondere Formulare zur Verfügung, die auf Bestellung vom Sekretär zugesandt werden.

In Zusammenhang damit wird die Frage aufgeworfen, ob bei der Diplomprüfung examinierte andere Fächer als Chemie (z. B. Physik) unter die Ergänzungsprüfungen aufzunehmen sind. An der Diskussion beteiligen sich die Herren R. Meyer, E. v. Meyer, C. Liebermann, Ruff, Beckmann und Anschütz. Die Maßnahme erscheint, wenn auch im speziellen Falle zulässig, nicht als notwendig, weil die Einzelfächer schon aus dem Diplomvorprüfungszeugnis zu ersehen sind. Der Sekretär wird im Anschluß hieran beauftragt, am Schluß des Registers der Ergänzungsprüfungen anzugeben, wie vielen Kandidaten das Verbandszeugnis auf Grund der Diplomvorprüfung ausgestellt worden ist.

Der Verband zählt gegenwärtig 62 Mitglieder. Im Laufe des Jahres ist Herr Erich Müller — Stuttgart — eingetreten.

2. Herr Liebermann erstattet Bericht über den Stand der Kasse, er empfiehlt, die Höhe des bisherigen Jahresbeitrags der Mitglieder unverändert zu lassen.

Kassenbericht.

a) Einnahmen:		
Kassenbestand vom Vorjahre	ℳ	651.42
60 Mitgliederbeiträge (2 stehen noch aus) à 20 ℳ .	»	1200.—
Zinsen	»	22.05
Gesamteinnahme	ℳ	1873.47
b) Ausgaben:		
Abrechnung der Buchhandlung für Bericht No. 9	ℳ	592.25
Gehalt des Schriftführergehilfen	»	500.—
Drucksachen	»	230.51
Diverse und Porti	»	61.85
Gesamtausgabe	ℳ	1384.61
c) Gesamtübersicht:		
Summe der Einnahmen	ℳ	1873.47
» » Ausgaben	»	1384.61
Verbleibt Bestand am 1. August 1908	ℳ	488.86

Nachdem die Herren E. v. Meyer und Ruff die Abrechnung geprüft haben, wird dem Schatzmeister Entlastung erteilt.

3. Eine Beschlußfassung über den Punkt **Diplomvorprüfung und Verbandsexamen** wird wegen Abwesenheit eines Vertreters der Münchner Technischen Hochschule vertagt.

5. Zu dem Antrag Ruff betr. die **Erweiterung des Verbandsexamens** nimmt zunächst Herr Ruff das Wort zur Begründung und führt u. a. aus, daß die Ausbildungsmöglichkeit durch Ausgestaltung der Prüfungsmöglichkeit erweitert werden möchte. Gegen den Antrag wird von den Herren Liebermann und R. Meyer folgendes geltend gemacht. Die Erweiterung der Verbandsprüfung nach dem Antrag Ruff würde für die Studierenden an

Technischen Hochschulen zu großen Unzuträglichkeiten führen, weil dann in die Diplomprüfung, um diese der Verbandsprüfung gleichwertig zu erhalten, auch noch diese neuen Fächer als obligatorische Prüfungsgegenstände aufgenommen werden müßten. Dies sei aber aus dem Grunde ganz unangängig, weil schon heute die Diplomkandidaten durch die Diplomprüfung übermäßig belastet seien. Außerdem würde der Termin für die Diplomprüfung dadurch noch weiter hinausgerückt und damit das Studium der Chemie an den Technischen Hochschulen im Vergleich zu dem an den Universitäten erschwert werden. Endlich würde der Umstand, daß die Arbeiten in der Elektro- resp. Gasanalyse an manchen Hochschulen nicht in demselben Institut erledigt werden wie die sonstigen analytischen Übungen, die Abhaltung einer nach Herrn Ruffs Vorschlag erweiterten Verbandsprüfung erschweren.

Dagegen wird vorgeschlagen, eventuell fakultative (d. h. Ergänzungs-) Prüfungen in diesen Fächern abzuhalten.

Im gleichen Sinne hat sich Herr v. Baeyer in einem an den Sekretär gerichteten Briefe ausgesprochen, aus welchem die in Betracht kommenden Stellen verlesen werden.

An der Diskussion beteiligen sich außer den bereits genannten die Herren Hantzsch, Anschütz, Krafft, Möhlau und Beckmann.

Die Abstimmung ergibt Mehrheit für die Beibehaltung des jetzigen Umfanges der Verbandsprüfung und für die Abnahme von Ergänzungsprüfungen in Elektro- und Gasanalyse. Die Berücksichtigung dieser Disziplinen ist wie bisher in das Ermessen jedes einzelnen gestellt.

Im Zusammenhang mit dieser Frage wird auf Anregung von Herrn Anschütz erwogen, ob in § 6 b (unter quantitativer Analyse) der Ausführungsbestimmungen nicht durchgängig die Bestimmung von drei Stoffen (statt, wie bisher, zwei bis drei) verlangt werden soll. Damit würde diese Bestimmung mit den neuen Vorschriften für die Pharmazeutisehe Staatsprüfung in Einklang gebracht.

Die Diskussion dieses Vorschlags wird bis zur nächsten Versammlung vertagt. Herr Beckmann richtet an Herrn Anschütz die Bitte, über die Angelegenheit dem Vorsitzenden einen schriftlichen Bericht einzureichen.

E. Beckmann,
stellvertr. Vorsitzender.

E. v. Meyer,
stellvertr. Schriftführer.

D.

Mitgliederverzeichnis vom 1. August 1909.

Vorstand:

Erster Vorsitzender: A. v. **Baeyer**, München.
Zweiter Vorsitzender: H. **Bunte**, Karlsruhe i. B.
Erster Beisitzer: E. **Fischer**, Berlin.
Zweiter Beisitzer: E. v. **Meyer**, Dresden.
Schriftführer u. Leiter d. Berichtes: E. **Beckmann**, Leipzig.
Schatzmeister: C. **Liebermann**, Berlin-Charlottenburg.

Mitglieder des Verbandes:

Prof. F. B. **Ahrens**, Breslau, Landwirtschaftl.-Technolog. Institut der Univers., Mathiasplatz 5.
» R. **Anschütz**, Bonn, Chem. Univers.-Laborat.
» K. **Auwers**, Greifswald, Chem. Univers.-Laborat.
» A. v. **Baeyer**, München, Arcisstr. 1. Chem. Laborat. d. Akadem. d. Wissenschaften.
» E. **Beckmann**, Leipzig, Brüderstr. 34, Univers.-Laborat. für angew. Chemie.
» H. **Beckurts**, Braunschweig, Technische Hochschule.
» R. **Behrend**, Hannover, Technische Hochschule.
» J. **Bredt**, Aachen, Technische Hochschule.
» E. **Buchner**, Berlin N., Chem. Laborat. d. Landwirtschaftl. Hochschule, Invalidenstr. 42.
» H. **Bunte**, Karlsruhe, Technische Hochschule.
» A. **Classen**, Aachen, Technische Hochschule.
» Th. **Curtius**, Heidelberg, Chem. Univers.-Laborat.
» O. **Dieffenbach**, Darmstadt, Technische Hochschule.
» K. **Elbs**, Gießen, Phys.-chem. Univers.-Laborat.
» C. **Engler**, Karlsruhe, Technische Hochschule.
» H. **Erdmann**, Charlottenburg, Technische Hochschule.
» E. **Fischer**, Berlin N., I. Chem. Univers.-Laborat.
» O. **Fischer**, Erlangen, Chem. Univers.-Laborat.
» J. **Gadamer**, Breslau, Pharmaz. Inst., Schuhbrücke 38/39. I.
» L. **Gattermann**, Freiburg i. B., Chem. Univers.-Laborat.
» A. **Hantzsch**, Leipzig, Chem. Univers.-Laborat.
» C. **Harries**, Kiel, Chem. Univers.-Laborat.
» C. v. **Hell**, Stuttgart, Techn. Hochschule.

Prof. W. **Hempel**, Dresden, Technische Hochschule.
» H. **Kiliani**, Freiburg i. B., Chem. Univers.-Laborat.
» H. **Klinger**, Königsberg i. Pr., Chem. Univers.-Laborat.
» L. **Knorr**, Jena, Chem. Univers.-Laborat.
» G. v. **Knorre**, Charlottenburg, Technische Hochschule, Gr.-Lichterfelde-West, Zehlendorfer Straße 26.
» Fr. **Krafft**, Heidelberg, Wilhelmstr. 2.
» A. **Ladenburg**, Breslau, Chem. Univers.-Laborat.
» M. **Le Blanc**, Leipzig, Phys.-chem. Institut, Linnéstr. 2.
» C. **Liebermann**, Charlottenburg, Technische Hochschule.
» L. **Medicus**, Würzburg, Technologisches Institut der Univers.
» E. v. **Meyer**, Dresden, Technische Hochschule.
» R. **Meyer**, Braunschweig, Technische Hochschule. Chem. Laborat.
» A. **Michaelis**, Rostock i. Meckl., Chem. Univers.-Laborat.
» Erich **Müller**, Stuttgart, Technische Hochschule, Inst. f. Elektrochemie u. techn. Chemie, Keplerstr. 7.
» W. **Muthmann**, München, Technische Hochschule, Analyt. Laborat.
» A. **Naumann**, Gießen, Chem. Univers.-Laborat.
» W. **Nernst**, Berlin NW., Phys.-chem. Univers.-Laborat., Bunsenstr. 1.
» C. **Paal**, Erlangen, Pharmazeut.-chem. Inst. d. Univers.
» Th. **Paul**, München, Laborat. f. angew. Chemie, Karlstraße 29.
» O. **Ruff**, Danzig, Technische Hochschule.
» H. **Salkowski**, Münster i. W., Chem. Univers.-Laborat.
» E. **Schmidt**, Marburg i. H., Pharm.-chem. Univers.-Laborat.
» G. **Schultz**, München, Technische Hochschule.
» K. **Seubert**, Hannover, Technische Hochschule.
» M. **Siegfried**, Leipzig, Physiolog. Inst. d. Univers.
» W. **Staedel**, Darmstadt, Technische Hochschule.
» A. **Stutzer**, Königsberg i. Pr., Agrikulturchem. Institut.
» J. **Tafel**, Würzburg, Chem. Institut.
» G. **Tammann**, Göttingen, Anorgan. chem. Institut.
» J. **Thiele**, Straßburg, Chem. Univers.-Laborat.
» B. **Tollens**, Göttingen, Agrikulturchem. Laborat. d. Univers.
» D. **Vorländer**, Halle a. S., Chem. Univers.-Laborat.
» O. **Wallach**, Göttingen, Chem. Univers.-Laborat.
» H. **Wichelhaus**, Berlin NW., Technolog. Institut d. Univers., Bunsenstraße 1.
» W. **Wislicenus**, Tübingen, Chem. Univers.-Laborat.
» O. N. **Witt**, Charlottenburg, Technische Hochschule.
» A. **Wohl**, Danzig, Technische Hochschule.
» Th. **Zincke**, Marburg i. H., Chem. Univers.-Laborat.

Auf Grund der Braunschweiger Statuten sind bis zum 1. April 1909 folgende Register der abgelegten Prüfungen an den Sekretär des Verbandes eingesandt worden.

(* bedeutet: Angabe fehlt.)

E.

Register der im Sommer 1908 und im Winter 1908/09 ausgestellten Verbandszeugnisse.

Chemisches Laboratorium der Technischen Hochschule Aachen.

Aufgedruckte No der Zeugniskarte	Vorname	Zuname	Geburtsort	Vorbildung	Examinatoren	Datum der Ausfertigung	Art der Prüfung
S.-S. 08							
2544	Wilh.	Hilbing	Crefeld	O.-R.-Sch.		28./4. 08	D.
W.-S. 08/09							
2545	Karl	Krayer	Mannheim	O.-R.-S.	Classen	22./3. 09	V.
2547	Alexand.	Roderburg	Aachen	G.	Bredt	31./10. 08	D.
2548	Hermann	Schirmeister	Brandenburg	G.		31./10. 08	D.
2549	Alexand.	Wunderlich	Iserlohn	R.-G.		23./12. 08	D.

Chemisches Institut der Universität Berlin.

S.-S. 08						
6360	Paul	Krannhals	Riga	G.		20./5. 08
7401	Erik	Schirm	Breslau	G.		20./5. 08
7404	Lothar	Weber	Wien	G. Ab.		20./5. 08
7412	Hans	Rettberg	Hamburg	R.-G.-Ab.		20./5. 08
7410	George	Theodorescu	Bukarest	Lyceum		24./6. 08
6354	Herbert	Winter	Buxtehude	R.-G.-Ab.		27./6. 08
W.-S. 08/09						
6356	Clemens	Zöllner	Berlin	R.-G.-Ab.	E. Fischer	4./8. 08
6359	Josef	Schuler	Schwyz	G.-Ab.		4./8. 08
7406	Walter	Dietrich	Frankfurt a. O.	R.-G.-Ab.		21./8. 08
6365	Fritz	Schröter	Berlin	R.-G.-Ab.		20./11. 08
7405	Waldemar	Siebeling	Berlin	G.-Ab.		20./11. 08
6362	Armenak	Gukassianz	Rußland	G.-Ab.		21./11. 08
6363	Walter	Ottmann	Weilburg a. L.	G.-Ab.		21./11. 08

Chemisches Instisut der Universität Berlin. Fortsetzung.

Aufgedruckte No. der Zeugniskarte	Vorname	Zuname	Geburtsort	Vorbildung	Examinatoren	Datum der Ausfertigung	Art der Prüfung
W.-S. 08/09							
7403	**Hans**	**Schrader**	Schwante	R.-G.	E. Fischer	19./12. 08	
7415	**Karl**	**Böttcher**	Frankfurt a. M.	R.-G.-Ab.		19./12. 08	
7416	**Kurt**	**Rüdenburg**	Misdroy	G.-Ab.		19./12. 08	
6358	**Boris**	**Abrahamsohn**	Lodz (Rußland)	G.-Ab.		8./3. 09	
7402	**Franz**	**Rothgießer**	Hamburg	R.-G.		8./3. 09	
7413	**Heinrich**	**Holtkamp**	Altenessen	R.-G.-Ab.		8./3. 09	
7414	**Wilhelm**	**Drautzburg**	Wittlich	G.-Ab.		8./3. 09	
7419	**Victor**	**Froboese**	Treptow b. Berl.	R.-G.-Ab.		8./3. 09	
7428	**Hermann**	**Dietrich**	Flombora (Rheinhessen)	O.-R.-Sch.-Ab.		8./3. 09	
7470	**Fritz**	**Simion**	Berlin	G.-Ab.	Gattermann E. Fischer	8./3. 09	
7418	**Julius**	**Rother**	Liegnitz	G.-Ab.	E. Fischer	11./3. 9	
7421	**Erich**	**Kellner**	Weimar	R.-G.-Ab.		11./3. 09	

Physikalisch-chemisches Institut der Universität Berlin.

Aufgedruckte No. der Zeugniskarte	Vorname	Zuname	Geburtsort	Vorbildung	Examinatoren	Datum der Ausfertigung	Art der Prüfung
S.-S. 08							
7741	**Gwendoline**	**Cock**	London	Senior Oxford Examen	Nernst	13./5. 08	
7743	**Arthur**	**Dahms**	Berlin	Landw. Schule		31./7. 08	
W.-S. 08/09							
7744	**Hugo**	**Kunkel**	Darmstadt	O.-R.-Sch.-Ab.		30./10. 08	
7742	**Fritz**	**Flügel**	Stettin	R.-G.-Ab.		4./3. 09	

Technologisches Institut der Universität Berlin.

Aufgedruckte No. der Zeugniskarte	Vorname	Zuname	Geburtsort	Vorbildung	Examinatoren	Datum der Ausfertigung	Art der Prüfung
S.-S. 08							
6031	**Louis**	**Frank**	Leipzig	O.-R.-Sch.	Nernst Wichelhaus	5./5. 08	
6032	**Georg**	**Ludwig**	Greiz	G.	Nernst Wichelhaus	16./6. 08	
W.-S. 08/09							
6761	**Hans**	**Bertram**	Oschersleben	G.-Ab.	Erdmann Wichelhaus	17./12. 08	
5337	**Ludwig**	**Link**	Heilbronn	G.-Ab.	Curtius Wichelhaus	17./12. 08	
8031	**Noël**	**Pittard**	Cambridge	Coll.	Wichelhaus	11./1. 09	

Anorg. Laboratorium der Königl. Techn. Hochschule zu Berlin.

Aufgedruckte No. der Zeugniskarte	Vorname	Zuname	Geburtsort	Vorbildung	Examinatoren	Datum der Ausfertigung	Art der Prüfung
S.-S. 08							
3549	Jozsef	Czaszar	Szabodka	G.	v. Knorre Erdmann	5./5. 08	
7351	Paul	Jochum	Karlsruhe	G.	Erdmann	10./7. 08	
7352	Hermann	Mühling-haus	Brünn	G.		10./7. 08	
7353	Alfred	Schöller	Camponorone (Genua)	O.-R.-Sch.		10./7. 08	
7354	Karl	Wolf	Ujwidék	G.		10./7. 08	
7355	Carl ten	Doornkaat-Koolman	Westgaste i. H.	G.		14./7. 08	
7356	Erdmann	Schulz	Lindow i. M.	G.		14./7. 08	
7357	Reinhold	Kühnel	Neusalz a. O.	R.-G.		14./7. 08	
7358	Walter	Mathesius	Hörde i. W.	G.		14./7. 08	
7359	Camillo	Turk	Österreich	G.		15./7. 08	
7360	Max	Schmiedel	Wien	G.		15./7. 08	
7361	Arthur	Leysner	Krefeld	R.-G.		15./7. 08	
7362	Karl Ludw.	Klingenberg	Oldenburg	O.-R.-Sch.		15./7. 08	
7363	Oskar	Jablonsky	Moskau	G.		15./7. 08	
7364	Henry	Markgraf	Voehrum	G.		15./7. 08	
7365	Gustav	Brix	Unna i. W.	O.-R.-Sch.		15./7. 08	
7366	Otto	Nielsen	Berlin	O.-R.-Sch.		15./7. 08	
7367	Georg	Grünmann	Riga	G.		15./7. 08	
7368	Axel	Möller	Christiania	R.-G.		15./7. 08	
7369	Emil	Stecher	Chemnitz	R.-G.		15./7. 08	
7370	Gustav	Flöter	Biere	O.-R.-Sch.		17./7. 08	
7371	Wilhelm	Fröhlich	Bismarckhütte (O.-S.)	G.		17./7. 08	
7372	Rudolf	Gellert	Siegen	R.-G.		17./7. 08	
7373	Hans	Schneller	Augsburg	R.-G.		17./7. 08	
7374	Fritz	Winkler	Magdeburg	G.		17./7. 08	
7375	Georg	Zarokilli	Poti (Kaukasus)	G.		17./7. 08	
W.-S. 08/09							
7376	Theodor	Dobrescu	Bukarest	O.-R.-Sch.		3./3. 09	
7377	Hermann	Hendler	Bukarest	G.		3./3. 09	
7378	Desidor	Ürmény	Nagyssentmiklós	G.		3./3. 09	
7379	Frau Regina	Getzow	Petersburg	Lehrerinnen-Seminar		3./3. 09	
7382	Robert	Limprich	Magdeburg	G.		8./3. 08	
7383	Carl	Büsche	Hörde i. W.	G.		8./3. 09	
7384	Arnold	Fuss	Berlin	O.-R.-Sch.		10./3. 09	
7386	Emilio	de Ceniga	Lequeitio	G.		10./3. 09	
7387	Alberto	de Ceniga	Lequeitio	G.		10./3. 09	
7388	Ernesto	Dankert	Buenos Aires	G.		10./3. 09	

Anorg. Laboratorium der Königl. Techn. Hochschule zu Berlin. Fortsetzung.

Aufgedruckte No. der Zeugniskarte	Vorname	Zuname	Geburtsort	Vorbildung	Examinatoren	Datum der Ausfertigung	Art der Prüfung
W.-S. 08/09							
7389	Eugen	Menschikoff	Padany	G.	Erdmann	10./3. 09	
7390	Max	Rath	Coverstein b.Gummersbach	R.-G.	Erdmann	10./3. 09	
7391	Karl	Harnisch	Berlin	R.-G.	Erdmann	10./3. 09	
7392	Robert	Medenwald	Berlin	G.	Erdmann	12./3. 09	
7393	Wilhelm	Harnikell	Cochem a. M.	G.	Erdmann	12./3. 09	
7397	Georg	Mühle	Löbau	R.-G.	Erdmann	17./3. 09	
7398	Karl	Arand	Berlin	G.	Erdmann	17./3. 09	

Elektrochemisches Laboratorium der Königl. technischen Hochschule zu Berlin-Charlottenburg.

S.-S. 08							
7541	Kurt	Friederici	Eichholz (Kreis Liegnitz)	O.-R.-Sch.	v. Knorre	17./7. 08	
7542	Ernst	Bürgin	Wyhlen i/Baden	R.-G.	v. Knorre	17./7. 08	
W.-S. 08/09							
7543	Konrad	Leipelt	Neiße (Schles.)	O.-R.-Sch.	v. Knorre	16./3. 09	
7544	Kurt	Weise	Berlin	R.-G.	v. Knorre	16./3. 09	
7545	Reinhold	Häberle	Wittgensdorf (Kgr. Sachsen)	R.-G.	v. Knorre	18./3. 09	

Organisches Laboratorium der Technischen Hochschule zu Berlin.

S.-S. 08							
7601	Alfred	Heintzelmann	Insterburg	Ab. Sächs. Gew.-Ak.	Liebermann	11./7. 08	V.
W.-S. 08/09							
7602	Robert	Bilecki	Berlin	G. Ab.	Liebermann	12./5. 09	V.

Technisch-Chemisches Laboratorium der Königl. Techn. Hochschule zu Berlin.

S.-S. 08							
8061	Shrirang Moveshwar	Sané	Allahabad, Ind.	B. A. u. B. Sc. d. Univ. Allahabad	Witt	14./5. 08	

Chemisches Laboratorium der Königl. Landwirtschaftlichen Hochschule zu Berlin.

Aufgedruckte No. der Zeugniskarte	Vorname	Zuname	Geburtsort	Vorbildung	Examinatoren	Datum der Ausfertigung	Art der Prüfung
W.-S. 08/09							
7191	**Jakob**	**Dodonow**	Ardatow	G. Ab. (Kasan)	Buchner	5./1. 09	
7192	**Oskar**	**Finn**	Oelze	O.-R.-Sch. Ab.	Buchner	24./4. 09	

Chemisches Institut der Universität Bonn.

S.-S. 08							
6113	**Emil**	**Wahl**	Barmen	O.-R.	Anschütz	30./7. 08	
5048	**Heinrich**	**Houben**	Bonn	G.	Anschütz	30./7. 08	
6114	**Carl**	**Caspar**	Königsberg i. Pr.	G.	Anschütz	30./7. 08	
W.-S. 08/09							
6117	**Wilhelm**	**Müller**	Ems	G.	Anschütz	11./1. 09	
7083	**Hans**	**Volk**	Oligs	O.-R.-Sch.	Anschütz	3./3. 09	
7085	**Oskar**	**Motschmann**	Neustadt b. Coburg	R.-G.	Anschütz	3./3. 09	

Chem. Laboratorium der Techn. Hochschule Braunschweig.

S.-S. 08							
7661	**Leo**	**Gottlieb**	Byalistok (Rußl.)	Hand.-Sch. Ab.	R. Meyer	21./7. 08	D.
7662	**Falk**	**Hoddes**	Libau (Rußl.)	Hand.-Sch. Ab.	R. Meyer	21./7. 08	D.
7663	**Jacob**	**Lichtenstein**	Lodz (Rußland)	Hand.-Sch. Ab.	R. Meyer	21./7. 08	D.
W.-S. 08/09							
7664	**Oswald**	**Claasen**	Osterode (Ostpr.)	G.	R. Meyer	3./11. 08	V.
7665	**Richard**	**Hübner**	Magdeburg	O.-R.-Sch. Ab.	R. Meyer	7./11. 08	D.
7666	**Karl**	**Meyer**	Schöppenstedt	O.-R.-Sch. Ab.	R. Meyer	12./11. 08	D.
7667	**Heinrich**	**Bassermann**	Schwetzingen (Baden)	G.	R. Meyer	20./3. 09	V.
7668	**Kasimir**	**Duczmal**	Jankowzalesny (Prov. Posen)	G.	R. Meyer	25./3. 09	D.

Pharmazeutisches Institut der Techn. Hochschule Braunschweig.

S.-S. 08							
7171	**Sally**	**Mode**	Rogasen	Ap.	Beckurts	22./5. 08	
7172	**David**	**Rosenbaum**	Introschin	Ap.	Beckurts	25./5. 08	
7173	**Otto**	**Bandmann**	Beuthen	Ap.	Beckurts	29./6. 08	
7174	**Otto**	**Harhausen**	Herford	Ap.	Beckurts	4./7. 08	
7175	**Heinrich**	**Bluth**	Braunschweig	Ap.	Beckurts	4./7. 08	
7176	**Kurt**	**Pordesch**	Pirna	Ap.	Beckurts	30./7. 08	
7178	**Rolf**	**Bohlmann**	Braunschweig	G. Ab.	Beckurts	30./7. 08	
7179	**Adolf**	**Berg**	Elversberg	Ap.	Beckurts	30./7. 08	

Pharmazeutisches Institut der Techn. Hochschule Braunschweig. Fortsetzung.

Aufgedruckte No. der Zeugniskarte	Vorname	Zuname	Geburtsort	Vorbildung	Examinatoren	Datum der Ausfertigung	Art der Prüfung
W.-S. 08/09							
7180	Enrique F.	Fernândez	Buenos-Aires	Ind.-Sch.	Beckurts	2./12. 08	
7181	Willi	Schiffmann	Stralsund	Ap.		7./12. 08	
7183	Wilhelm	Martinius	Braunschweig	Ap.		9./12. 08	
7184	Carl	Beckmann	Bassun	Ap.		9./12. 08	
7185	Carl	Severit	Braunschweig	Ap.		11./12. 08	
7186	Paul	Segelitz	Bützow	Ap.		31./12. 08	
7187	Leopold	Schneider	Moskau	Ap.		15./1. 09	
7188	Karl	Höpner	Helmstedt	Ap.		15./1. 09	
7189	Albert	Heber	Magdeburg	Ap.		19./1. 09	
7190	Kurt	Böhnisch	Zerbst	Ap.		20./1. 09	

Chemisches Institut der Universität Breslau.

Aufgedruckte No. der Zeugniskarte	Vorname	Zuname	Geburtsort	Vorbildung	Examinatoren	Datum der Ausfertigung	Art der Prüfung
S.-S. 08							
6471	Frederick M. G.	Johnson	Montreal	M. S.	Ladenburg	4./5. 08	
6472	Miss Violette	Dover	Peterborough (Canada)	B. A. u. M. S.		9./5. 08	
7581	Alfred	Schmidt	Breslau	O.-R.-Sch. Ab.		5./6. 08	
7582	Alfred	Kurzer	Stusa b. Neum.	O.-R.-Sch. Ab.		5./8. 08	
W.-S. 08/09							
7583	Fritz	Bahr	Liegnitz	O.-R.-Sch. Ab.		11./11. 08	
7584	Max	Klimpel	Fraustadt	G. Ab.		16./12. 08	
7585	Josef	Haftka	Czenstochau	R.-Sch. Ab.		4./3. 09	
7586	Sigismund	Schmeja	Brudnia (Kr. Hohensalza)	G. Ab.		5./3. 09	
7587	Willy	Taegener	Glogau	G. Ab.		8./3. 09	

Anorganisches und organisches Laboratorium der technischen Hochschule zu Danzig.

Aufgedruckte No. der Zeugniskarte	Vorname	Zuname	Geburtsort	Vorbildung	Examinatoren	Datum der Ausfertigung	Art der Prüfung
W.-S. 08/09							
7802	Otto	Göcke	Eschweiler	G.	Ruff Wohl	19./10. 08	
7803	Ernst	Langbein	Stettin	R.-G.		19./10. 08	
7804	Ernst	Nagelschmidt	Kronstadt	G.		21./11. 08	
7801	Erhard	Christ	Arnswalde	R.-G.		18./12. 08	
7809	Emil	Schiller	München	Ind.-Sch.		17./1. 09	

Chemisch-technisches und elektrochemisches Institut der Technischen Hochschule Darmstadt.

Aufgedruckte No. der Zeugniskarte	Vorname	Zuname	Geburtsort	Vorbildung	Examinatoren	Datum der Ausfertigung	Art der Prüfung
S.-S .08							
7266	**Hjalmar**	**Olsen**	Kristiania	G. Ab.		9./VI. 09	D.
7267	**Owsey**	**Schitomirski**	Tscherkasse	russ. Kommerzschule abs.	Dieffenbach Städel	9./VI. 09	D.
W.-S. 08/09							
7268	**Jörgen**	**Andersen**	Bergen	G. Ab.		9./VI. 09	D.

Chemisches Institut der Technischen Hochschule zu Darmstadt.

S.-S. 08							
7901	**Kurth**	**Funck**	Berlin	O.-R.-Sch. IIa		30./5. 08	
7902	**Oreste**	**Ottino**	Turin	Dipl. Lyc.		30./5. 08	
7903	**Franz**	**König**	Birstein	G.		30./5. 08	
7904	**Aisik**	**Gelbfisch**	Warschau	7kl. Hand.-Sch.		26./6. 08	
7905	**Simha**	**Warschawski**	Lodz	7kl. Hand.-Sch.		26./6. 08	
7906	**Kurt**	**Riesenkampf**	Reval	Nicolai-Kad.-Korps St. Petersburg	Staedel	7./7. 08	
7907	**Bruno**	**Riesenkampf**	Reval	Nicolai-Kad.-Korps St. Petersburg		7./7. 08	
7908	**Hugo**	**Braun**	Wildbad	G. IIa		22./7. 08	
W.-S. 08/09							
7909	**Adolf**	**Helmer**	Darmstadt	R.-G.		22./10. 08	
7910	**Paul**	**Müller**	Aplerbeck	G. IIa		4./11. 08	

Anorganisches Laboratorium und Organisch-chemisches Laboratorium der Technischen Hochschule Dresden.

S.-S. 08							
7641	**Kurt**	**Eisenreich**	Riesa	Gew.-Akad. Chemnitz		11./5. 08	D.
7642	**Johannes**	**Tschetwerikoff**	Bogorodsk (Rßl.)	G. Ab.		11./5. 08	D.
7643	**Walther**	**Schroth**	Meißen	G. Ab.	W. Hempel E. v. Meyer	11./5. 08	D.
7644	**Karl**	**Anders**	Schlunzig (Sa.)	R.-G. Ab.		12./5. 08	D.
7645	**Walter**	**von Escher**	Berndorf (Öster.)	G. Ab.		12./5. 08	D.
7646	**Max**	**Hartmann**	Dresden	R.-G. Ab.		12./5. 08	D.
7647	**Arthur**	**Jacob**	Zwickau (Sa.)	R.-G. Ab.		12./5. 08	D.
7648	**Friedrich**	**Lierg**	Dresden	G. Ab.		13./5. 08	D.
7649	**Hans**	**Mühlhaus**	Dresden	R.-G. Ab.		13./5. 08	D.

Anorganisches Laboratorium und Organisch-chemisches Laboratorium der Technischen Hochschule Dresden. Fortsetzung.

Aufgedruckte No. der Zeugniskarte	Vorname	Zuname	Geburtsort	Vorbildung	Examinatoren	Datum der Ausfertigung	Art der Prüfung
S.-S. 08							
7650	**Oswald**	**Patten-hausen**	Braunschweig	R.-G. Ab.		13./5. 08	D.
7651	**Arthur**	**Viertel**	Auerbach (Sa.)	R.-G. Ab.		13./5. 08	D.
7652	**Max**	**Weber**	Chemnitz (Sa.)	G. Ab.		14./5. 08	D.
7653	**Kurt**	**Winckler**	Chemnitz (Sa.)	G. Ab.		14./5. 08	D.
7654	**Hans**	**Conradi**	Dresden	R.-G. Ab.		26./6. 08	V.
7655	**Paul**	**Hohmann**	Limbach (Sa.)	Prima-Reife		26./6. 08	V.
7656	**Max**	**Stinz**	Dresden	Obersek.-Reife		26./6. 08	V.
7657	**Gustav**	**Schleicher**	Petersburg	G. Ab.		22./7. 08	D.
7658	**Alexand.**	**Tenne**	Mitau	R.-G. Ab.		22./7. 08	D.
7659	**Max**	**Traun**	Bonn a. Rh.	G. Ab.		22./7. 08	D.
7660	**Friedrich**	**Engelhorn**	Mannheim	G. Ab.	W. Hempel	20./7. 08	D.
8331	**Karl**	**Merck**	Darmstadt	G. Ab.	E. v. Meyer	20./7. 08	D.
8332	**Herbert**	**Möhlau**	Düsseldorf	G. Ab.		20./7. 08	D.
8332	**Ernst**	**Petscheck**	Prag	G. Ab.		27./7. 08	D.
W.-S. 08/09							
8334	**Alfred**	**Redlich**	Budapest	R.-G. Ab.		12./10. 08	D.
8335	**Fritz**	**Edelmann**	Buchholz (Sa.)	R.-G. Ab.		12./10. 08	D.
8336	**Ernst**	**Heinze**	Aue (Sa.)	G. Ab.		8./3. 09	D.
8337	**Rudolf**	**Wahl**	Burkersdorf (Sa.-Weimar)	G. Ab.		8./3. 09	D.
8338	**Friedrich**	**Müller**	Görlitz	R.-G. Ab.		8./3. 09	D.
8339	**Paul**	**Raßfeld**	Elberfeld	G. Ab.		8./3. 03	D.

Chemisches Laboratorium der Universität Erlangen.

S.-S. 08							
5853	**Hugo**	**Goebell**	Laubnitz	G.	i.V. Manchot O. Fischer	22./5. 08	
6746	**Walther**	**Kögel**	Magdeburg	G.		24./6. 08	
6747	**Edgar**	**Schmidt**	Wien	G.		24./6. 08	
W.-S. 08/09							
5428	**Georg**	**Leuchs**	Nürnberg	G.		16./11. 08	
6750	**Lothar**	**Castner**	Moskau	G.	O. Fischer	23./11. 08	
6753	**Curt**	**von Luck**	Saarbrücken	O.-R.-Sch. Ab.		2./12. 08	
6742	**Hans**	**Groß**	Kulmbach	R.-G.		16./12. 08	
6752	**Georg**	**Hefele**	Augsburg	G.		11./2. 09	
6743	**Wilhelm**	**Schmidt**	Erlangen	Ind.-Sch. Ab.		5./3. 09	

Pharm.-chem. Institut der Universität Erlangen.

Aufgedruckte No. der Zeugniskarte	Vorname	Zuname	Geburtsort	Vorbildung	Examinatoren	Datum der Ausfertigung	Art der Prüfung
W.-S. 08/09							
7761	**Christian**	**Kelber**	Berchtesgaden (Bayern)	Ap. I.	C. Paal	28./1. 09	

Chemisches Laboratorium der Universität Freiburg i. B. (philosoph. Abt.).

S.-S. 08							
5585	**Max**	**Tausent**	Madrid	O.-R.-Sch. Ab.	E. Fischer, Gattermann	1./5. 08	
6535	**Ludwig**	**Schäfer**	Mannheim	B. Sc.	Gattermann	1./5. 08	
5818	**Rudolf**	**Gartner**	Rzeszow	G. Ab.	Gattermann	17./6. 08	
W.-S. 08/09							
7461	**Gdalja**	**Raiziss**	Odessa	G. Ab.	Gattermann	17./11. 08	
7462	**Robert**	**Schwarz**	Berlin	G. Ab.	Gattermann	17./11. 08	
7463	**Friedrich**	**Seemann**	Villingen	O.-R.-Sch. Ab.	Gattermann	17./11. 08	
5802	**Ewald**	**Herzog**	Barmen	R.-G. Ab.	Gattermann	24./11. 08	
6532	**August**	**Borchers**	Hamburg	O.-R.-Sch. Ab.	Gattermann	1./12 08	
6537	**Karl A.**	**Cohn**	Hamburg	O.-R.-Sch. Ab.	Gattermann	1./12. 08	
6544	**Rudolf**	**Moll**	Mannheim	G. Ab.	Gattermann	9./12. 08	
6538	**Bruno**	**Kuenzer**	Freiburg i B.	G. Ab.	Gattermann	16./12. 08	
6539	**Ludwig**	**Richter**	Neunkirchen	O.-R.-Sch. Ab.	Gattermann	16./12. 08	
6534	**Charles**	**Lind**	Hamburg	O.-R.-Sch. Ab.	Gattermann	16./12. 08	
7466	**Herbert**	**Wittenberg**	Adenstedt	R.-G. Ab.	Gattermann	16./12. 08	
7464	**Fritz**	**Eberhardt**	Heilbronn	G. Ab.	Gattermann	14./1. 09	
7469	**Thorwald**	**Egidius**	Amsterdam	G. Ab.	Gattermann	4./2. 09	
7465	**Wilhelm**	**Klauß**	Dittelsheim	O.-R.-Sch. Ab.	Gattermann	4./3. 09	
5815	**Peter**	**Kolb**	Neckarau	O.-R.-Sch. Ab.	Gattermann	4./3. 09	
7476	**Wilhelm**	**Müller**	Ludwigshafen a. Rh.	G. Ab.	Gattermann	5./3. 09	

Chemisches Laboratorium der Universität Freiburg i. B. (mediz. Abt.).

S.-S. 08							
7521	**Friedrich**	**Eisenlohr**	Schopfheim i. B.	R.-G. Ap. (I)	Kiliani	25./7. 08	
7522	**Walter**	**Just**	Bojanowo	R.-G. IIb Ap. (I)	Kiliani	25./7. 08	
W.-S. 08/09							
7523	**Friedrich**	**Beuttel**	Waldshut	G. Ap. (I)	Kiliani	31./10. 08	

Chemisches Universitätslaboratorium Gießen.

Aufgedruckte No. der Zeugniskarte	Vorname	Zuname	Geburtsort	Vorbildung	Examinatoren	Datum der Ausfertigung	Art der Prüfung
S.-S. 08							
6264	Alexand.	Pokrowsky	Karatschew	G.	Alex. Naumann	8./5. 08	
6265	Alexand.	Rustinsky	Tiflis	G.		8./5. 08	
6266	Samuel	Meersohn	Witebsk	Kadettenkorpsprüfung		8./5. 08	
6267	Leon	Klein	Schawli	Pharmaz. Gymn.-Prüf.		8./5. 08	
7721	Heinrich	Scholl	Mainz	G.		22./6. 08	
7722	Mowscha	Katznelsohn	Warschau	R.-Sch. abs. 1		22./6. 08	
W.-S. 08/09							
7723	Berka	Manewitsch	Jaroslaw	G.		25./7. 08	
7724	Franz	Wentrup	Ascheberg i. W.	Ap.		7./8. 08	
7725	Antonine	Poimanow	Moskau	G.		2./3. 09	
7726	Karl	Pfeiffer	Mainz	O.-R.-Sch.		2./3. 09	
7727	Wilhelm	Gérard	Darmstadt	O.-R.-Sch.		29./10. 08	
7728	August	Münker	Geisenheim	O.-R.-Sch.		29./10. 08	
7729	Karl	Schmoll	Burghofen Kr. Eschwege	O.-R.-Sch.		10./11. 08	
7730	Markus	Kitaj	Lodz	Ind.-Sch.		3./12. 08	
7731	Friedrich	Michel	Darmstadt	R.-G.		21./1. 09	
7733	Abraham	Michelsohn	Riga	G.		11./2. 09	
7734	Paul	Engelhard	Frankfurt a. M.	R.-G.		22./2. 09	

Physikalisch-chemisches Laboratorium der Universität Gießen.

Aufgedruckte No. der Zeugniskarte	Vorname	Zuname	Geburtsort	Vorbildung	Examinatoren	Datum der Ausfertigung	Art der Prüfung
S.-S. 08							
5336	Johannes	Horst	Mainz	O.-R.-Sch. Ab.	Elbs	9./5. 08	
W.-S. 08/09							
2546	Ludwig	Rosenstein	Bochum	O.-R.-Sch. Ab.		18./12. 08	
7283	Theodor	Eisenmenger	Ludwigsburg i. W.	G. Ab.		9./2. 09	
7282	Heinrich	Jensch	Schlitz	R.-G. Ab.		9./2. 09	
6029	Adolf	Duill	Gießen	IIa R.-G.		26./2. 09	

Allgemeines Chemisches Universitäts-Laboratorium Göttingen.

Aufgedruckte No. der Zeugniskarte	Vorname	Zuname	Geburtsort	Vorbildung	Examinatoren	Datum der Ausfertigung	Art der Prüfung
S.-S. 08							
6010	Wilhelm	Sander	Petersburg	G. A.	Wallach	6./8. 08	
5993	Hans	Sauernheimer	Hamburg	O.-R.-Sch. A.		6./8. 08	
6008	Theodor	Grethe	Hamburg	G. A.		6./8. 08	
6009	Rudolf	Müller	Heckenbeck	G. A.		6./8. 08	

Allgemeines Chemisches Universitäts-Laboratorium Göttingen. Fortsetzung.

Aufgedruckte No. der Zeugniskarte	Vorname	Zuname	Geburtsort	Vorbildung	Examinatoren	Datum der Ausfertigung	Art der Prüfung
W.-S. 08/09							
8008	**Eugen**	**Kárpáti**	Bonzony	G. A.	Wallach	14./12. 08	
8006	**Willy**	**Bauernschäfer**	Quedlinburg	G. A.	Wallach	16./11. 08	
8007	**Hermann**	**Steinhorst**	Alt-Krakow	R.-G. Ab.	Wallach	16./11 08	
5302	**Erich**	**Grosse**	Arnstadt	G. A.	Wallach	16./11. 08	
8009	**Karl**	**Blendermann**	Bremen	R.-G. A.	Wallach	22./2. 09	

Institut für physikalische Chemie der Universität Göttingen.

S.-S. 08							
3998	**Robert Charles**	**Wallace**	Durness Orkney	M. A. u. B. S. Edinburgh	Tammann	6./ 08	

Agrikultur-chemisches Laboratorium der Universität Göttingen.

W.-S. 08/09							
7951	**William Ernest**	**Cross**	Leeds (England)	Leeds Univ. B. S.	B. Tollens	29./1. 09	

Chemisches Institut der Universität Greifswald.

S.-S. 08							
5397	**Paul**	**Schiffer**	Albsheim	R.-G. Ab.	Gattermann, K. Auwers	11./5. 08	
W.-S. 08/09							
4846	**Richard**	**Apitz**	Breslau	G. Ab.	K. Auwers	7./12. 08	
4836	**Albin**	**Boennecke**	Lüderode	G. Ab.	K. Auwers	10./12. 08	

Chemisches Institut der Universität Halle a. S.

S.-S. 05							
4524	**Georg**	**Hentschel**	Gleiwitz (Oberschlesien)	G. abs.	i. V. Doebner	11./5. 05	
4525	**Wilhelm**	**Geilker**	Brinde	Ap.	i. V. Doebner	22./6. 05	
4526	**Hans**	**Schecker**	Zerbst (Anhalt)	Ap.	i. V. Doebner	26./6. 05	
4527	**Martin**	**Maehnert**	Eisleben	Ap.	i. V. Doebner	26./6. 05	
4528	**Paul**	**Praetorius**	Breslau	G. abs.	Volhard	4./7. 05	
W.-S. 06/07							
4996	**Ernst**	**Biesalski**	Bischofswerder	G. Ab.	Volhard	10./12. 06	

Chemisches Institut der Universität Halle a. S. Fortsetzung.

Aufgedruckte No. der Zeugniskarte	Vorname	Zuname	Geburtsort	Vorbildung	Examinatoren	Datum der Ausfertigung	Art der Prüfung
S.-S. 08							
7981	Karl	Gebauer	Budapest	O.-R.-Sch. abs.	Volhard	11./5. 08	
5810	Johannes	Pfeiffer	Riga	G. abs.	Gattermann Volhard	11./5. 08	
7982	Friedrich	Goerbig	Niewied	G. abs.	Volhard	21./5. 08	
7983	Wladimir	Wiese	St. Petersburg	G. abs.	Volhard	3./6. 08	
7984	Theodor	Bilkin	Neugut (russ. Ostseeprov.)	russ. R.-G.	Volhard	5./8. 08	
7985	Erich	Schlotthauer	Leipzig	R.-Sch.	Volhard	7./8. 08	
7986	Julius	Schuhmacher	Schwelm i. Wstf.	O.-R.-Sch. abs.	Vorländer	15./8. 08	
W.-S. 08/09							
7987	Enno	Enkelstroth	Emden	G. abs.	Vorländer	8./1. 09	
7988	Otto	Steffens	Alterstadt b. Langensalza	G. abs.	Vorländer	21./1. 09	
7989	Heinrich	Hempel	Kupferdreh b. Essen	G. abs.	Vorländer	5./3. 09	
7990	Marta	v. Bodecker	Ottenburg i. Ostpreußen	G. abs.	Vorländer	6./3. 09	

Technische Hochschule Hannover. Laboratorium für anorganische Chemie.

S.-S. 08							
5881	Werner	Griesemann	Magdeburg	R.-G.	Seubert Behrend	6./5. 08	
5882	Alfred	Bretnütz	Nebra a. U.	O.-R.-Sch.	Seubert Behrend	6./5. 08	
5883	Johannes	Dörge	Hannover	R.-G.	Seubert Behrend	6./5. 08	
5884	Arvid	Frisak	Aalesund (Norw.)	R.-G.	Seubert Behrend	6./5. 08	
5885	Paul	Henkel	Hannover	O.-R.-Sch.	Seubert Behrend	6./5. 08	
5886	Otto	Korneck	Magdeburg-B.	R.-Sch.	Seubert Behrend	6./5. 08	
5887	Gustav	Lehnert	Hannover	O.-R.-Sch.	Seubert Behrend	6./5. 08	
5888	August	Runte	Münster i W.	R.-G.	Seubert Behrend	6./5. 08	
5889	Fritz	Albers	Gotha	O.-R.-Sch.	Seubert Behrend	6./5. 08	
W.-S. 08/09							
7873	Herbert	Lindemann	Hannover	R.-Sch.	Seubert Behrend	4./12. 08	
7874	Hermann	Hardtung	Hannover	R.-G. Ap.	Seubert Behrend	20./1. 09	
7872	Gerhard	Mohrmann	Wilna (Rußld.)	O.-R.-Sch. Ib abs.	Seubert Behrend	25./2. 09	

Chemisches Universitäts-Laboratorium Heidelberg.

S.-S. 08							
5328	Fritz	Stroschein	Zoppot	G.	Curtius	1./5. 08	
5322	Oskar	Steppuhn	Moskau	Russ. R.-Sch.	Curtius	1./5. 08	
5334	Karl	Eyer	Ludwigshafen a/Rh.	R.-G.	Curtius	17./6. 08	

Chemisches Universitäts-Laboratorium Heidelberg. Fortsetzung.

Aufgedruckte No. der Zeugniskarte	Vorname	Zuname	Geburtsort	Vorbildung	Examinatoren	Datum der Ausfertigung	Art der Prüfung
S.-S. 08							
5339	Hans	Franzen	Altona	R.-G.	Curtius	20./7. 08	
6701	Alexand.	Samsonow	Werchnied-nieprowsk	Russ. R.-Sch.	Curtius	20./7. 08	
5594	Dietrich	Hillers	Gräfrath	G.	E. Fischer, Curtius	23./7. 08	
6571	Haskel	Berlin	Tultschin	Russ.Commerz-Sch.	Buchner, Curtius	23./7. 08	
W.-S. 08/09							
7245	William	Lewis	Belfast	M. A.	Curtius	27./10. 08	
7246	Henry	Denham	Christchurch	M. S. u. M. A.	Curtius	27./10. 08	
6704	Peter	Rümschin	Moskau	Russ. G.	Curtius	7./11. 08	
6364	Jesse	Gutsche	King Williams Town	B. A.	E. Fischer, Curtius	7./11. 08	
7251	Thomas	Callan	Cheadle	B. S. u. M. S.	Curtius	8./12. 08	
7252	Henry	Harwood	Southport	B. S.	Curtius	8./12. 08	
6702	Wilhelm	Giulini	Mannheim	G.	Curtius	2./3. 09	
5340	Heinrich	Heil	Zweibrücken	G.	Curtius	2./3. 09	
7242	Fritz	Egger	Mainz	G.	Curtius	3./3. 09	
7259	Teodor	Seidel	Braila	R. Lyc.	Curtius	3./3. 09	

Laboratorium des Prof. F. Krafft in Heidelberg.

S.-S. 08							
7561	Hans	Benzinger	Mannheim	O.-R.-Sch. Ab.	F. Krafft	23./5. 08	
7565	Friedrich	Schaefer	Ludwigshafen	G. Ab.	F. Krafft	6./8. 08	
W.-S. 08/09							
7563	Willy	Moos-brugger	Rheingönheim	O.-R.-Sch. Ab.	F. Krafft	8./1. 09	
7562	Gottfried	Wirth	Ludwigshafen	R.-G. Ab.	F. Krafft	10./2. 09	
7571	Theodor	Rothschild	Frankfurt a/M.	O.-R.-Sch. Ab.	F. Krafft	9./3. 09	
7564	Paul	Reiner	Nürnberg	O.-R.-Sch. Ab.	F. Krafft	11./3. 09	

Universitäts-Laboratorium Jena.

S.-S. 08							
5468	Heinrich	Averbeck	Günnigfeld	Ap. m. I.	Knorr	27./5. 08	
5469	Isidor	Bergström	Helsingfors	Ap.	Knorr	4./6. 08	
5470	Arno	Köhler	Weimar	Ap. I.	Knorr	16./6. 08	
7201	Wilhelm	Krumbhaar	Hamburg	R.-G.	Knorr	17./7. 08	
7202	Edgar	Bergner	Hamburg	R.-G.	Knorr	17./7. 08	
7203	Gerhard	Weiland	Löbau	G.	Knorr	22./7. 08	

Universitäts-Laboratorium Jena. Fortsetzung.

Aufgedruckte No. der Zeugniskarte	Vorname	Zuname	Geburtsort	Vorbildung	Examinatoren	Datum der Ausfertigung	Art der Prüfung
S.-S. 08							
7204	**Leo**	**Krantz**	Leiden	G.	Knorr	22./7. 08	
7205	**Senda**	**Keisermann**	Krementschuck	G.	Knorr	22./7. 08	
7206	**Hermann**	**Schubert**	Liegnitz	Ap. I.	Knorr	22./7. 08	
W.-S. 08/09							
7207	**Leon**	**Halpern**	Warschau	G.	Knorr	26./10. 08	
6214	**Oswald**	**Marschall**	Kaltennordheim	R.-G.	Harries Knorr	4./11. 08	
7208	**Ernst**	**Geiringer**	Wien	O.-R.-Sch.	Knorr	2./3. 09	
7209	**Ernst**	**Milarch**	Wernigerode	G.	Knorr	2./3. 09	
7210	**Hans**	**Schmidt**	Coburg	O.-R.-Sch.	Knorr	2./3. 09	
7211	**Emil**	**Kolbe**	Kiel	R.-G.	Knorr	2./3. 09	
7871	**Paul**	**Pillhardt**	Groß-Gerau	O.-R.-Sch.	Seubert Knorr	3./3. 09	
6744	**Ferd.**	**Gerlach**	Erlangen	G.	O. Fischer Knorr	3./3. 09	
7212	**William**	**Russel**	Pridge of Weiz	A. J. C.	Knorr	5./3. 09	
7213	**Charles**	**Roy**	London	East London Coll.	Knorr	5./3. 09	
7214	**Frank**	**Dehn**	Manchester	M. S.	Knorr	5./3. 09	
7215	**Max**	**Müller**	Wittstock	Ap. I.	Knorr	5./3. 09	
7216	**Walter**	**Rotta**	Apolda	R.-G.	Knorr	5./3. 09	

Chemisches Laboratorium der Technischen Hochschule zu Karlsruhe.

Aufgedruckte No. der Zeugniskarte	Vorname	Zuname	Geburtsort	Vorbildung	Examinatoren	Datum der Ausfertigung	Art der Prüfung
S.-S. 08							
7311	**Adam**	**Rogowski**	Lochy	R.-Sch.	Engler	15./2. 08	
7303	**Gustav**	**Birstein**	Brest	R.-Sch.	Engler	28./2. 08	
7304	**Walter**	**Buchardt**	Lubben	R.-Sch.	Engler	28./2. 08	
7305	**Gilbert**	**Morden**	Picton	R.-Sch.	Engler	28./2. 08	
7312	**Robert**	**Speithel**	Rapoltsweiler	G.	Engler	28./2. 08	
7307	**Emil**	**Hornemann**	Riga	G.	Engler	4./6. 08	
7308	**Adolf**	**Fehlmann**	Basel	O.-R.-Sch.	Engler	6./7. 08	
7313	**Karl**	**Volkmann**	Düsseldorf	G.	Engler	17./7. 08	
7309	**Hans**	**Schlumberger**	Augsburg	R.-G.	Engler	27./7. 08	
7310	**Czeslaw**	**Benedek**	Plotzk	G.	Engler	27./7. 08	
W.-S. 08/09							
7314	**Wilhelm**	**Engels**	Karlsruhe	G.	Engler	2./11. 08	
7315	**Moriz**	**Krausz**	Pecs	O.-R.-Sch.	Engler	2./11. 08	
7316	**Alexand.**	**Lederer**	Dumaradvany	O.-R.-Sch.	Engler	7./12. 08	
7317	**Wilhelm**	**Hirschkind**	Baiersdorf	Ind.-Sch.	Engler	7./12. 08	
7318	**Michael**	**Person**	Kasan	G.	Engler	7./12. 08	
7319	**Hans**	**Höller**	San Franzisko	R.-Sch.	Engler	7./12. 08	

Chemisches Laboratorium der Technischen Hochschule zu Karlsruhe. Fortsetzung.

Aufgedruckte No. der Zeugniskarte	Vorname	Zuname	Geburtsort	Vorbildung	Examinatoren	Datum der Ausfertigung	Art der Prüfung
W.-S. 08/09							
7320	**Elieser**	**Heller**	Liebau	R.-Sch.	Engler	7./12. 09	
7321	**Richard**	**Betzel**	Dühren	R.-G.	Engler	15./12. 08	
7322	**Jan**	**Kubinski**	Ziemiany	G.	Engler	15./12. 08	
7323	**Hans**	**Hofer**	Aarau	Kant.-Sch.	Engler	15./12. 08	
7324	**Endre**	**Schoßberger**	Szabadka	G.	Engler	22./2. 09	
7325	**Witold**	**Berezowski**	Odessa	R.-Sch	Engler	22./2. 09	
7326	**Harri**	**Grünupp**	Riga	R.-Sch.	Engler	22./2. 09	
7327	**Béla**	**Havas**	Losoncz	G.	Engler	22./2. 09	
7329	**Jakob**	**Günzburg**	Welisch	G.	Engler	22./2. 09	
7330	**Juljan**	**Bartnicki**	Krementschug	G.	Engler	12./3. 09	
7331	**Julius**	**v. Bergen**	Biel	R.-G.	Engler	12./3. 09	

Chemisches Institut der Universität Kiel.

Aufgedruckte No. der Zeugniskarte	Vorname	Zuname	Geburtsort	Vorbildung	Examinatoren	Datum der Ausfertigung	Art der Prüfung
S.-S. 08							
6212	**Hans**	**v. Splawa-Neyman**	Rastatt i. B.	G.	Harries	5./5. 08	
6215	**Georg**	**Münchmeyer**	Münchstaedt	G.	Harries	5./5. 08	
7482	**Friedrich**	**Loeblein**	Gnodstadt	Bayr. Ind.-Sch. abs.	Harries	23./7. 08	
7481	**Wolf**	**Olszewski**	Friedenthal b/Loetzen	R.-G. IIa Ap. I.	Harries	17./7. 08	
7485	**Hermann**	**Braune**	Gießen	G.	Harries	23./7. 08	
6705	**Hermann**	**Schilling**	Heilbronn	G.	Curtius Harries	30./7. 08	
W.-S. 08/09							
6219	**Jrnfried**	**Petersen**	Kiel	Ref. R.-G.	Harries	11./12. 08	
4870	**Emil**	**Kaeßmann**	Dortmund	O.-R.-Sch.	Harries	11./12. 08	
6218	**Walter**	**Fischbach**	Göttingen	G.	Harries	17./12. 08	
5995	**Karl**	**Seydel**	Hildesheim	G.	Wallach Harries	17./12. 08	
6543	**Kurt**	**Oppenheim**	Berlin	G.	Gattermann Harries	4./2. 09	
7486	**Paul**	**Wünscher**	Wiegendorf b/Weimar	R.-G. Ib	Harries	4./2. 09	
7487	**Albert**	**Gerlach**	Hannover	G.	Harries	1./3. 09	
5820	**Karl**	**Maedge**	Elberfeld	R.-G.	Gattermann Harries	1./3. 09	

Chemisches Universitätslaboratorium zu Königsberg i. Pr.

Aufgedruckte No der Zeugniskarte	Vorname	Zuname	Geburtsort	Vorbildung	Examinatoren	Datum der Ausfertigung	Art der Prüfung
S.-S. 05							
2874	**Leiba**	**Chazanowski**	Kopziowo	Privat		22./6. 05	
W.-S. 05/06							
3374	**Arwed**	**v. Ungern Sternberg**	Livland	G.		15./9. 05	
3367	**Bruno**	**Schulz**	Königsberg	G.		16./1. 06	
3373	**Elise**	**Michel**	Königsberg	O.-R.-Sch.		16./1. 06	
S.-S. 06							
3362	**Walfried**	**Martinoff**	Riga	G.		11./7. 06	
3363	**Josef**	**Löwenstein**	Warschau	O.-R.-Sch.		21./7. 06	
W.-S. 06/07							
2872	**Bery**	**Hermer**	Libau	O.-R.-Sch.		28./11. 06	
2873	**Theodor**	**v. Weidenbaum**	Nichny-Nowgorod	G.		25./2. 07	
S.-S. 07							
3365	**Viktor**	**v. Boehlendorff**	Dorpat	G.		3./5. 07	
3368	**Walter**	**Schack**	Petershagen	G.	Klinger	17./5. 07	
2871	**Emil**	**Meyer**	Bonn	Ap.		30./7. 07	
W.-S. 07/08							
3369	**Jakob**	**Ellinger**	Minsk	O.-R.-Sch.		28./2. 08	
S.-S. 08							
8003	**John**	**Empson**	Hamburg	O.-R.-Sch.		16./7. 08	
W.-S. 08/09							
3370	**Heinrich**	**Große-Kreul**	Berlin	O.-R.-Sch.		19./12. 08	
8241	**Ferd.**	**Böhm**	Teschen	O.-R.-Sch.		21./1. 09	
8241	**Hans**	**Valentin**	Preußisch-Holland	G.		21 /1 09	
3371	**Wilhelm**	**Kuhnke**	Königsberg	O.-R.-Sch.		9./2. 09	
8002	**Carol**	**Haßler**	Chemnitz	G.		16./2. 09	
8244	**Friedr.**	**Ritter**	Wunsdorf	R.-G.		1./3. 09	
3375	**Moses**	**Behr**	Kowno	Commerzsch.		13./3. 09	
8005	**Selmar**	**Wolpert**	Keidany	Commerzsch.		10./3. 09	
8004	**Karl**	**Schröter**	Königsberg	O.-R.-Sch.		5./4. 09	

Agrikultur-chemisches Institut der Universität Königsberg.

S.-S. 08							
7891	**Karl**	**Rackmann**	Fickel i/Rußld.	R.-Sch. Ab.		25./7. 08	
W.-S. 08/09					Stutzer		
7892	**Max**	**Allihn**	Berlin	G.		21./11. 08	

Chemisches Laboratorium der Universität Leipzig.

Aufgedruckte No. der Zeugniskarte	Vorname	Zuname	Geburtsort	Vorbildung	Examinatoren	Datum der Ausfertigung	Art der Prüfung
S.-S. 08							
6688	**Kurt**	**Hofmann**	Dresden	Ap. I.	Hantzsch	29./4. 08	
6689	**Philip W.**	**Robertson**	Auckland (Neuseeland)	B. A.	Hantzsch	1./5. 08	
6691	**Erich**	**Hartmann**	Oschatz	G. Ab.	Hantzsch	14./5. 08	
6692	**Alfred**	**Jaenichen**	Leipzig	R.-Sch. Ab.	Hantzsch	8./7. 08	
6693	**Curt**	**Wiesemann**	Zwickau i/Sa.	G. Ab.	Hantzsch	8./7. 08	
6694	**Richard**	**Küttler**	Sehma b/Annaberg	R.-S. Ab.	Hantzsch	15./7. 08	
6695	**David**	**Ragowski**	Theodosia (Krim)	Hand.-Sch. Ab.	Hantzsch	29./7. 08	
W.-S. 08/09							
6696	**Albert**	**Funke**	Meerane	R.-G. Ab.	Hantzsch	4./11. 08	
6697	**Friedrich**	**Maennchen**	Löbau	G. Ab.	Hantzsch	23./11. 08	
6698	**Kurt**	**Voigt**	Schwela b/Oschatz	R.-G. Ab.	Hantzsch	30./11. 08	
6699	**Paul G.**	**Schmitt**	Kalk b/Coeln	G. Ab.	Hantzsch	19./1. 09	
6700	**Rudolf**	**Czensny**	Ohlau i/Schl.	G. Ab.	Hantzsch	28./1. 09	
7021	**Israel**	**Lifschitz**	Schklow (Rußl.)	R.-G. Ab.	Hantzsch	25./2. 09	
7059	**Johannes**	**Gahlnbäck**	St. Petersburg	G. Ab.	Le Blanc Hantzsch	17./11. 08	

Physik.-chemisches Institut der Universität Leipzig.

Aufgedruckte No. der Zeugniskarte	Vorname	Zuname	Geburtsort	Vorbildung	Examinatoren	Datum der Ausfertigung	Art der Prüfung
S.-S. 08							
5799	**Woldemar**	**Mayer**	Reval	R.-Sch. 8klassig	Le Blanc	1./3. 08	
7053	**Ralph**	**Gifford**	Boston	B. S. Mass. J. of Tech.	Le Blanc	20./5. 08	
7051	**Friedrich**	**Kerschbaum**	Villach	G. 8 klassig Ab.	Le Blanc	20./6. 08	
5800	**Arthur**	**Berger**	Dresden	R.-G. Ab.	Le Blanc	3./7. 08	
W.-S. 08/09							
7057	**Salo**	**Aschkenasi**	Warschau	G. öst. Ab.	Le Blanc	23./10. 08	
5798	**Fritz**	**Nehab**	Leipzig	Hand.-Lehranst.	Le Blanc	15./12. 08	
7064	**Heinrich**	**Jantsch**	Halle a/S.	Staatslehranst. Chemnitz	Le Blanc	22./12. 08	
7056	**Georg**	**v. Elissafoff**	Rostow a/D.	G. Rostow abs.	Le Blanc	12./1. 09	
7061	**Alexand.**	**Krestovnikoff**	Moskau	G. Moskau abs.	Le Blanc	12./1. 09	
7060	**Michael**	**Tarle**	Cherson	G. Cherson abs.	Le Blanc	6./3. 09	
7062	**Walter**	**Ziegs**	Großschirma	G. Ab.	Le Blanc	6./3. 09	
7066	**Hussik**	**Pogossianz**	Eriwan (Kaukas.)	G. abs.	Le Blanc	18./3. 09	

Laboratorium für angewandte Chemie der Universität Leipzig.

Aufgedruckte No. der Zeugniskarte	Vorname	Zuname	Geburtsort	Vorbildung	Examinatoren	Datum der Ausfertigung	Art der Prüfung
S.-S. 08							
5952	**Johannes**	**Freytag**	Erkner b/Berlin	R.-G. IIa		27./5. 08	
5953	**Sylvester**	**Obizzi**	Görz (Österreich)	Ab. der K. K. höh. Lehranst. f. Wein- u. Obstbau in Klosterneuburg bei Wien		27./5. 08	
5525	**Hans**	**Morawe**	Seidenberg (Schles.)	G. IIb		27./5. 08	
7004	**Erich**	**Grünthal**	Stargard (Pom.)	G. IIa, Ap. I		16./6. 08	
5955	**Kurt**	**Kloppe**	Nordhausen	G. IIa, Ap. I		24./6. 08	
7002	**Hans**	**Philipp**	Leipzig	R.-G. Ab.		25./6. 08	
7007	**Alfred**	**Hahn**	Sommerfeld b/Leipzig	R.-G. Ab.	Prof. Dr. E. Beckmann	25./6. 08	
7001	**Wilhelm**	**Rohn**	Dresden	G. Ab.		10./7. 08	
7006	**Carl**	**Strauß**	Großenhain	O.-R.-Sch. Ab.		22./7. 08	
7008	**Karl**	**Sieglitz**	L.-Plagwitz	G. Ab.		29./7. 08	
5518	**Adolf Woldemar**	**Plaul**	Pirkau	G. IIa		6./8. 08	
W.-S. 08/09							
7009	**Rudolf**	**Hanslian**	Johrensdorf (Mähren)	R.-G. IIa Ap. I		17./10. 08	
5686	**Emil**	**Schmidt**	Berlin	G. Ia		18./12. 08	
7013	**Fritz**	**Loeßner**	Leipzig	G. Ab. Ap. I		13./1. 09	
7019	**Clemens**	**Müller**	Kassel	G. Ab. Ap.		19./1. 09	
7054	**Samuel**	**Simches**	Bialystock (Rßl.)	G. 8 klassig abs.	Le Blanc Beckmann	21./1. 09	
7241	**Otto**	**Pfeffer**	Tübingen	G. Ab.		28./1. 09	
7017	**Frank**	**Müller**	Bremen	R.-G. Ab.		28./1. 09	
7018	**Eugen**	**Unna**	Hamburg	G. Ab. Ap.		17./2. 09	
7015	**Paul**	**Martin**	Greiffenberg (Schlesien)	Einj., Ap. I	Prof. Dr. E. Beckmann	24./2. 09	
7014	**Egon**	**Schmidt-Breitenbach**	München	G. IIb		2./3. 06	

Chem. Laboratorium des physiologischen Instituts der Universität Leipzig.

S.-S. 08							
5622	**Kurt**	**Heitmüller**	Hannover	R.-G.	M. Siegfried	4./6. 08	
7041	**Rudolf**	**Zimmermann**	Dresden	R.-G. IIb abs. Ap. I		24./7. 08	

Chem. Laboratorium des physiologischen Instituts der Universität Leipzig.

Fortsetzung.

Aufgedruckte No. der Zeugniskarte	Vorname	Zuname	Geburtsort	Vorbildung	Examinatoren	Datum der Ausfertigung	Art der Prüfung
W.-S. 08/09							
7042	**Otto**	**Lindner**	Fichtelberg i/Oberfranken	Gew.-Ak. Chemnitz	M. Siegfried	3./11. 08	
7043	**Borowoje**	**Todorowitsch**	Belgrad	R.-G. Belgrad		23./2. 09	

Chemisches Institut der Universität Marburg.

Aufgedruckte No. der Zeugniskarte	Vorname	Zuname	Geburtsort	Vorbildung	Examinatoren	Datum der Ausfertigung	Art der Prüfung
S.-S. 08							
8071	**Walter**	**Eichhorn**	Offenbach	O.-R.-Sch. Ab.	Zincke	25./5. 08	
6721	**Walter**	**Zinnow**	Wiesbaden	R.-G. Ib		26./5. 08	
8072	**Ernst**	**Berlin**	Stettin	R.-G. Ab.		27./5. 08	
8073	**August**	**Eickemeyer**	Gießen	R.-G. IIa		31./7. 08	
8074	**Emil**	**Sardemann**	Köln	O.-R.-Sch. Ab.		25./6. 08	
8075	**Otto**	**Müller**	Riga	R.-G. Ab.		28./7. 08	
8076	**Erich**	**Herrmann**	Marburg	G. Ab.		30./7. 08	
W.-S. 08/09							
8077	**Heinrich**	**Spöntjes**	Kalk	G. Ab.		26./10. 08	
8078	**Adolf**	**Lettermann**	Elberfeld	R.-G. IIb		3./11. 08	
8079	**Alexand.**	**Dahm**	Güttingen (Schweiz)	O.-R.-Sch. Ab.		18./11. 08	
8080	**Joseph**	**Sauer**	Königstein (Taunus)	O.-R.-Sch. Ab.		18./11. 08	
8083	**Herrm.**	**Holle**	Magdeburg	G. Ab.		2./3. 09	

Pharmazeut.-chem. Institut der Universität Marburg.

Aufgedruckte No. der Zeugniskarte	Vorname	Zuname	Geburtsort	Vorbildung	Examinatoren	Datum der Ausfertigung	Art der Prüfung
S.-S. 08							
6454	**Alexand.**	**Zinnius**	Mitau	Ap.	E. Schmidt	4./8. 08	
W.-S. 08/09							
6453	**Erich**	**Zinnius**	Mitau	R.-G. Ab.		28./8. 08	
6455	**Carl**	**Müller**	Bielefeld	Ap.		19./10. 08	
6456	**Eugen**	**Thumann**	Hagenau	G. Ab.		5./3. 09	

Chemisches Laboratorium des Staates in München.

Aufgedruckte No. der Zeugniskarte	Vorname	Zuname	Geburtsort	Vorbildung	Examinatoren	Datum der Ausfertigung	Art der Prüfung
S.-S. 08							
7101	Anna	Herzenstein	Moskau	Abs. d. Mädch.-gymnasiums	v. Baeyer	1./5. 08	
7102	Wilhelm	Koch	Borstendorf	R.-G.		2./6. 08	
6536	Gerolf	Schliz	Heilbronn	G.	Gattermann v. Baeyer	2./6. 08	
7103	Paul	Kappelmeier	Amsterdam	O.-R.-Sch.	v. Baeyer	3./6. 08	
7105	Friedrich	Reimann	Berlin	G.		10./7. 08	
7106	Alfred	Wagner	Naumburg	G.		14./7. 08	
7104	Max	Behncke	Hamburg	O.-R.-Sch.		24./7. 08	
7107	Paul	Hirsch	Hanau	R.-G.		28./7. 08	
7108	Fritz	Paneth	Wien	G.		30./7. 08	
W.-S. 08/09							
7109	Hans	Lecher	Prag	G.		24 /10. 08	
7110	Ludwig	Hendrickx	Alost	G.		30./10. 08	
7111	Armin	Graf Zettwitz	Bethlen i/Siebenbürgen	O.-R.-Sch.		2./11. 08	
7113	Willem	Weuringh	Fort de Kock (Sumatra)	O.-R.-Sch.		3./11. 08	
7114	Alexand.	Roseeu	Frankfurt a/M.	G.		17./11. 08	
7115	August	Metzler	Lethmathe	R.-G.		20./11. 08	
7116	Rudolf	Roth	Erfurt	G.		21./11. 08	
7112	Arthur	Süßer	Karlsruhe	R.-G.		20./11. 08	
7117	Paul	Waßermann	München	G.		8./12. 08	
7118	Theodor	Hunnius	Esthland	G.		14./12. 08	
7119	Alfred	Irschick	Riga	G.		8./2. 09	
7120	Carl	Naumann	Leipzig	G.		5./2. 09	
7121	Wilhelm	Scheurer	Mannheim	G.		10./2. 09	
7122	Burckhardt	Helferich	Greifswald	G.		18./2. 09	
7123	Wilhelm	Beysel	Frankfurt a/M.	O.-R.-Sch.		1./3. 09	
7124	Hans	Fressel	Lüneburg	R.-G.		3./3. 09	
7125	Alfred	Lippold	Glauchau	R.-G.		6./3. 09	
7126	Karl	Schwarz	Berlin	G.		8./3. 09	
7128	Kurt	Bratring	Schönfeld	R.-G.		11./3. 09	

Laboratorium für angewandte Chemie an der Kgl. Universität in München.

S.-S. 08							
5706	Anton	Reuß	Altötting	Ap. I	Th. Paul	3./6. 08	
5707	Waldemar	Gloth	Schippenbeil (Ostpreußen)	G.		3./6. 08	
5708	Eugen	Rheinberger	Bergzabern	Ap. I		3./6. 08	

Laboratorium für angew. Chemie an der Kgl. Univ. in München. Fortsetzung.

Aufgedruckte No. der Zeugniskarte	Vorname	Zuname	Geburtsort	Vorbildung	Examinatoren	Datum der Ausfertigung	Art der Prüfung
W.-S. 08/09							
7781	Ludwig	Wein	Landshut	Ap. I	Th. Paul	27./11. 08	
7782	Georg	Kaufmann	Tuttlingen	G.	Th. Paul	10./2. 09	
7783	Hugo	Thein	Jernau	Ap. I	Th. Paul	10./2. 09	
7785	Benno	Bleyer	Lindau i/B.	Ap. I	Th. Paul	10./2. 09	
7784	Max	Stecher	Neviges (Rhld.)	Ap. II	Th. Paul	5./3. 09	
Chemisch-technisches Laboratorium der Kgl. Technischen Hochschule München.							
S.-S. 08							
7853	Friedrich	Eppendahl	Barmen	O.-R.-Sch.	Schultz	23./6. 08	
7854	Rudolf	Brodmerkel	Sinatengrün (Ob.-Franken)	R.-Sch.	Muthmann, Schultz	6./8. 08	
W.-S. 08/09							
7851	Alwin	Schleicher	Düren	O.-R.-Sch.	Schultz	7./11. 08	
7855	Hermann	Ostermaier	München	G.	Schultz	16./12. 08	
Chemisches Institut der Universität Münster i. W.							
S.-S. 08							
7811	Heinrich	Dietrich	Belecke	R.-G. Ab.	Salkowski	20./6. 08	
7812	Gottfried	Kuipers	Darfeld	G. Einj.	Salkowski	31./7. 08	
W.-S. 08/09							
7813	Joseph	Kuhlmann	Buer i/W.	G. Ab.	Salkowski	19./2. 09	
Chemisches Universitäts-Laboratorium Rostock.							
S.-S. 08							
7691	Ernst	Vollhase	Südende	Ap. I	Michaelis	18./6. 08	
7682	Ferd.	Schultze	Neustadt	O.-R. Ia	Michaelis	15./7. 08	
7683	Felix	Risse	Kl.-Möckritz	R.-G. Ab.	Michaelis	22./7. 08	
W.-S. 08/09							
7684	Heinrich	Boie	Kronprinzenkrug	Ap. I	Michaelis	24./11. 08	
7685	Hans	Regenstein	Rostock	Ap. I	Michaelis	19./12. 08	
6101	Otto	Große-Branckmann	Oster-Flierich	G. IIb	Anschütz, Michaelis	21./12. 08	
7686	Felix	Abraham	Berlin	Ap. I	Michaelis	18./1. 09	
7687	Arnold	Dähn	Grunow	Ap. I	Michaelis	19./1. 09	
7689	Harold	Froehlich	Leipzig	O.-R. Ab.	Michaelis	16./2. 09	
7690	Ernst	Barthelmes	Wolfratshausen	Ap. I	Michaelis	18./2. 09	
7692	Josef	Degorski	Grabow	G. Ab.	Michaelis	26./3. 09	
7681	Hans	Müllner	Berlin	G. IIa	Michaelis	26./3. 09	
7694	Egon	Friderici	Wriezen	Ap. I	Michaelis	8./6. 09	

Chemisches Laboratorium der Universität Straßburg.

Aufgedruckte No. der Zeugniskarte	Vorname	Zuname	Geburtsort	Vorbildung	Examinatoren	Datum der Ausfertigung	Art der Prüfung
S.-S. 08							
6237	**Emil**	**Eydmann**	Zinsweiler (Els.)	O.-R.-Sch.		29./4. 08	
6243	**Josef**	**Follmann**	Metz	O.-R.-Sch.		30./4. 08	
6244	**Arthur**	**Andres**	Eckwersheim (Els.)	G.		5./5. 08	
7961	**Albert**	**Moscherosch**	Bischweiler	O.-R.-Sch.		1./6. 08	
7962	**Theodor**	**Voltz**	Straßburg	O.-R.-Sch.	Thiele	23./6. 80	
7963	**Camille**	**Horst**	Straßburg	O.-R.-Sch.		23./6. 08	
7964	**Oskar**	**Jochem**	Straßburg	G.		1./7. 08	
7965	**Walter**	**Spitz**	Berlin	G.		7./7. 08	
7966	**Gotthard**	**Zacharias**	Hamburg	G.		7./8. 08	
W.-S. 08/09							
7967	**Heinrich**	**Kilbinger**	Saargemünd	G.		5./3. 09	

Laboratorium für reine und pharmaz. Chemie, Technische Hochschule Stuttgart.

Aufgedruckte No. der Zeugniskarte	Vorname	Zuname	Geburtsort	Vorbildung	Examinatoren	Datum der Ausfertigung	Art der Prüfung
S.-S. 08							
5918	**Karl**	**Gentner**	Göppingen	O.-R.-Sch. Ab.		2./5. 08	
5919	**Eugen**	**Heinle**	Heidenheim a/Br.	O.-R.-Sch. Ab.		2./5. 08	
5920	**Gottlob**	**Lell**	Stuttgart	O.-R.-Sch. Ab.		2./5. 08	
5921	**Hans**	**Müller**	Coburg	O.-R.-Sch. Ab.		2./5. 08	
5922	**August**	**Sigwart**	Stuttgart	G. Ab.		2./5. 08	
5923	**Otto**	**Spoun**	Marbach a/N.	G. Ab.		2./5. 08	
7501	**Oscar**	**Müller**	Stuttgart	R.-G. IIa		18./5. 08	
7502	**Gustav**	**Endres**	Suggenheim (Mittelfranken)	Ap.		20./5. 08	
7503	**Johannes**	**Bornemann**	Chemnitz	Gew.-Akad.	Hell	17./7. 08	
7504	**Georg**	**Ebert**	Schneeberg (Erzgeb.)	Gew.-Akad.		17./7. 08	
7505	**Adolf**	**Kemmler**	Eßlingen(Wrttb.)	O.-R.-Sch. I a		17./7. 08	
W.-S. 08/09							
7506	**Eugen**	**Renschler**	Stuttgart	R.-G. Ab.		21./10. 08	
7507	**August**	**Haid**	Rottweil	G. Ab.		21./10. 08	
7508	**Carl**	**Tafel**	Allegheny (U. S. N. A.)	R.-G. Ab.		21./10. 08	
7509	**Hans**	**Wagner**	Stuttgart	G. Ab.		21./10. 08	

Institut für Elektrochemie und techn. Chemie, Technische Hochschule Stuttgart.

Aufgedruckte No. der Zeugniskarte	Vorname	Zuname	Geburtsort	Vorbildung	Examinatoren	Datum der Ausfertigung	Art der Prüfung
W.-S. 08/09							
8131	Wilhelm	Kerkovius	Riga	6klass. Komm.-Schule Riga	Müller v. Hell	27./10. 08	

Chemisches Laboratorium der Universität Tübingen.

S.-S. 08							
8041	Moritz	Miller	Rüdlingen a/Donau	G. IIa Ap. II	Wislicenus	12./5. 08	
8042	Ernst	Gußmann	Grunbach	G. IIa Ap. I		15./5. 08	
8043	Max	Fiederer	Ehingen a/Donau	G.		18./5. 08	
8044	Karl	Ruß	Welsheim	G.		17./6. 08	
8045	Hans	Ballheimer	Othmarschen (Holstein)	G.		17./7. 08	
8046	Hermann	Göz	Tübingen	O.-R.-Sch.		25./7. 08	
W.-S. 08/09							
8047	Rudolf	Thibaut	Mosbach	G.		12./10. 08	
8048	Hermann	Göller	Waldenburg	G.		27./10. 08	
8049	Felix	Ney	Aachen	R.-G.		28./11. 08	
8050	Eduard Marcel	Bindewald	Bordeaux	Bacc. ès lettres Licencié ès sciences Lyon		19./12. 08	
8051	Willy	Selle	Motzen (Brandenburg)	G.		10./3. 09	

Chemisches Institut der Universität Würzburg.

S.-S. 08							
7924	Karl	Lockemann	Würzburg	R.-G.	Manchot i. V.	27./7. 08	
W.-S. 08/09							
7927	John	Withers	Street	Finsbury Techn. Coll. London		18./12. 08	
7921	Wilhelm	Schepß	Würzburg	G.		2./3. 09	
7922	Karl	Müller	Wimpfen a/Neck.	G. VI Ap.		9./3. 09	

Pharmazeutisches Institut (Laboratorium für angewandte Chemie) der Universität Würzburg.

Aufgedruckte No. der Zeugniskarte	Vorname	Zuname	Geburtsort	Vorbildung	Examinatoren	Datum der Ausfertigung	Art der Prüfung
S.-S. 08 4847	**Ignaz**	**Rüb**	Auerbach (Oberpfalz)	Ap.	Auwers (Greifswald) Medicus	2./6. 08	
W.-S. 08/09 7621	**Franz**	**Trögele**	Burg (Wrttbg.)	G.	Medicus	1./2. 09	

F.

Übersichtstabelle über die Anzahl der ausgestellten Verbandszeugnisse.

Ort	Institut	Zahl der ausgestellten Zeugnisse			
		im Sommer 1908.		Im Winter 1908/09.	
		U*)	T*)	U*)	T*)
Aachen	Chemisches Laboratorium T	—	1	—	4
Berlin	Chemisches Institut U	6	—	19	—
Berlin	Physik.-chemisches Institut U	2	—	2	—
Berlin	Technologisches Institut U	2	—	3	—
Berlin	Anorganisches Laboratorium T	—	26	—	17
Berlin	Elektrochemisches Laboratorium T	—	2	—	3
Berlin	Organisches Laboratorium T	—	1	—	1
Berlin	Technisch chemisches Laboratorium T	—	1	—	—
Berlin	Chemisches Laboratorium der landw. Hochschule T	—	—	—	2
Bonn	Chemisches Institut U	3	—	3	—
Braunschweig	Chemisches Laboratorium T	—	3	—	5
Braunschweig	Pharmazeutisches Institut T	—	8	—	10
Breslau	Chemisches Institut U	4	—	5	—
Danzig	Anorganisches und organisches Laboratorium	—	—	—	5
Darmstadt	Chemisch-technisches und elektrochemisches Institut T	—	2	—	1
Darmstadt	Chemisches Institut T	—	8	—	2
Dresden	Chemische Institute T	—	23	—	6
Erlangen	Chemisches Institut U	3	—	6	—
Erlangen	Pharmazeutisch-chemisches Institut U	—	—	1	—
Freiburg	Chemisches Laboratorium (med. Abt.) U	2	—	1	—
Freiburg	Chemisches Laboratorium (philos. Abt.) U	3	—	16	—
Gießen	Chemisches Laboratorium U	6	—	11	—
Gießen	Physikalisch-chemisches Laboratorium U	1	—	4	—
Göttingen	Allgemeines chemisches Laboratorium U	4	—	5	—
Göttingen	Institut für Physikalische Chemie U	1	—	—	—
Göttingen	Agrikultur-chemisches Laboratorium U	—	—	1	—
Greifswald	Chemisches Institut U	1	—	2	—

Halle	Chemisches Institut U	7	—	4	—
Hannover	Laboratorium für anorganische Chemie T	—	9	—	3
Heidelberg	Universitäts-Laboratorium U	7	—	10	—
Heidelberg	Laboratorium des Prof. F. Krafft U	2	—	4	—
Jena	Universitäts-Laboratorium U	9	—	13	—
Karlsruhe	Chemisches Institut T	—	10	—	17
Kiel	Universitäts-Laboratorium U	6	—	8	—
Königsberg	Universitätslaboratorium U	1	—	9	—
Königsberg	Agrikultur chemisches Institut U	1	—	1	—
Leipzig	Chemisches Laboratorium U	7	—	7	—
Leipzig	Physikalisch-chemisches Institut U	4	—	8	—
Leipzig	Laboratorium für angewandte Chemie U	11	—	10	—
Leipzig	Chemisches Laboratorium des physiologischen Instituts U	2	—	2	—
Marburg	Chemisches Institut U	7	—	5	—
Marburg	Pharmazeutisch-chemisches Institut U	1	—	3	—
München	Chemisches Laboratorium des Staates U	9	—	19	—
München	Laboratorium für angewandte Chemie U	3	—	5	—
München	Anorganisches und chemisch-technisches Laboratorium T	—	2	—	2
Münster	Chemisches Institut U	2	—	1	—
Rostock	Chemisches Institut U	3	—	10	—
Straßburg	Chemisches Institut U	9	—	1	—
Stuttgart	Laboratorium für allgemeine Chemie T	—	11	—	4
Stuttgart	Institut für Elektrochemie und Techn. Chemie T	—	—	—	1
Tübingen	Universitäts-Laboratorium U	6	—	5	—
Würzburg	Chemisches Institut U	1	—	3	—
Würzburg	Pharmazeutisches Institut U	1	—	1	—
	insgesamt	137	107	208	83

Es sind ausgestellt worden:

bis Sommersemester 1907 . . . . 4918 Verbandszeugnisse,[1])
im Sommersemester 1907 . . . . 252 Verbandszeugnisse, hiervon 160 an 21 Universitäten, 92 an 9 Technischen Hochschulen,
im Wintersemester 1907/08 . . . . 289 Verbandszeugnisse, hiervon 184 an 20 Universitäten, 105 an 10 Technischen Hochschulen,
im Sommersemester 1908 . . . . 244 Verbandszeugnisse, hiervon 137 an 21 Universitäten, 107 an 9 Technischen Hochschulen,
im Wintersemester 1908/09 . . . . 291 Verbandszeugnisse, hiervon 208 an 21 Universitäten, 83 an 11 Technischen Hochschulen.

bisher insgesamt ausgestellt 5994 Verbandszeugnisse.

*) U bedeutet Universität, T Technische Hochschule. — [1]) Die nach dem vorjährigen Bericht (S. 39) gebildete Summe ist um 14 vergrößert; 18 Zeugnisse sind aus früheren Semestern nachzutragen, s. S. 26 und 31, dagegen sind 4 Zeugnisse versehentlich zweimal eingetragen und gezählt worden (s. Berichtigungen S. 2, a).

G.

Register der Ergänzungszeugnisse

zu den Zeugnissen

des Verbandes der Vorstände chemischer Laboratorien an deutschen Hochschulen

für Sommer-Semester 1908 und Winter-Semester 1908/09.

Physikalisch-chemisches Laboratorium der Universität Gießen.

Nummer des Zeugnisses	Vorname	Zuname	Geburtsort	Datum der Ausfertigung	Examinatoren	Prüfungsgegenstand
W.-S. 08/09						
5177	Friedrich	Dannemann	Barmen	7./1. 09	Elbs	Elektrochemie

Chemisches Universitäts-Laboratorium Heidelberg.

Nummer des Zeugnisses	Vorname	Zuname	Geburtsort	Datum der Ausfertigung	Examinatoren	Prüfungsgegenstand
W.-S. 08/09						
6701	Alexand.	Samsonow	Werschniednieprowsk	17./12. 08	Bredig	Physik. Chemie
7485	Hermann	Braune	Gießen	25./2. 09	Bredig	Physik. Chemie

Mineralogisches und Geologisches Institut der Universität Jena.

Nummer des Zeugnisses	Vorname	Zuname	Geburtsort	Datum der Ausfertigung	Examinatoren	Prüfungsgegenstand
S.-S. 08						
2242	Raimund	Krüche	Schloß Marbach i/Baden	25./7. 08	Linck	Mineralogie
W.-S. 08/09						
5444	Wilhelm	Naumann	Naumburg(Saale)	14./9. 08	Linck	Mineralogie
5446	Arno	Lwoff	Cherson	9./11. 08	Linck	Mineralogie
5996	Franz	Staubach	Schlierbach (Baden)	4./3. 09	Linck	Mineralogie

Physikalisches Institut der Universität Jena.

Nummer des Zeugnisses	Vorname	Zuname	Geburtsort	Datum der Ausfertigung	Examinatoren	Prüfungsgegenstand
S.-S. 08						
7201	Wilhelm	Krumbhaar	Hamburg	23./7. 09	Winkelmann	Physik
7202	Edgar	Bergner	Hamburg	23./7. 09	Winkelmann	Physik

Technologisches Institut der Universität Jena.

Nummer des Zeugnisses	Vorname	Zuname	Geburtsort	Datum der Ausfertigung	Examinatoren	Prüfungsgegenstand
S.-S. 08						
7201	Wilhelm	Krumbhaar	Hamburg	27./7. 09	Vongerichten	Technische Chemie
7202	Edgar	Bergner	Hamburg	27./7. 09	Vongerichten	Technische Chemie
7204	Leo	Krantz	Leiden	27./7. 09	Vongerichten	Technische Chemie

Chemisches Institut der Universität Kiel.

Nummer des Zeugnisses	Vorname	Zuname	Geburtsort	Datum der Ausfertigung	Examinatoren	Prüfungsgegenstand
W.-S. 08/09						
7486	**Paul**	**Wünscher**	Wiegendorf b/Weimar	4./3. 09	Biltz	Chem. Technologie

Physik.-chemisches Institut der Universität Leipzig.

Nummer des Zeugnisses	Vorname	Zuname	Geburtsort	Datum der Ausfertigung	Examinatoren	Prüfungsgegenstand
S.-S. 08						
5997	**Johann**	**v. Schröder**	Riga	4./5. 08	Le Blanc	Physik. Chemie
W.-S. 08/09						
7058	**Friedrich**	**Kerschbaum**	Villach	15. 1. 09	Le Blanc	Physik. Chemie
5783	**Hermann**	**Röhler**	Leipzig	4./3. 09	Le Blanc	Physik. Chemie
7053	**Ralph**	**Gifford**	Boston	6./3. 09	Le Blanc	Physik. Chemie
4726	**Gustav**	**Ullmann**	Wien	6./3. 09	Le Blanc	Physik. Chemie
5515	**Emanuel**	**Plaschke**	Buchfart b/Weimar	6./3. 09	Le Blanc	Physik. Chemie

Laboratorium für angewandte Chemie der Universität München.

Nummer des Zeugnisses	Vorname	Zuname	Geburtsort	Datum der Ausfertigung	Examinatoren	Prüfungsgegenstand
S.-S. 08						
738	**Max**	**Thenn**	München	4./8. 08	Th. Paul	Nahrungsmittelchemie.

Mineralogisches Institut der Universität München.

Nummer des Zeugnisses	Vorname	Zuname	Geburtsort	Datum der Ausfertigung	Examinatoren	Prüfungsgegenstand
S.-S. 08						
7102	**Wilhelm**	**Koch**	Borstendorf	19./6. 08	Prof. P. Groth	Mineralogie
4067	**Günther**	**Bugge**	Godesberg	6./7. 08	Prof. P. Groth	Kristallographie
4091	**Eugen**	**Quitmann**	Berlin	17./7. 08	Prof. P. Groth	Kristallographie
7106	**Alfred**	**Wagner**	Naumburg	25./7. 08	Prof. P. Groth	Allg. u. spez. Mineralogie
W.-S 08/09						
4045	**Angelo**	**Knorr**	München	9./3. 09	Prof. P. Groth	Kristallographie
4060	**Hermann**	**Hess**	München	9./3. 09	Prof. P. Groth	Kristallographie
4061	**Karl**	**Pfister**	Freising	9./3. 09	Prof. P. Groth	Kristallographie
5704	**Paul**	**Borinski**	Königshütte (Oberschles.)	9./3. 09	Prof. P. Groth	Kristallographie u. Mineralogie
5266	**Hans**	**Riffarth**	München	9./3. 09	Prof. P. Groth	Kristallographie
5707	**Waldemar**	**Gloth**	Schippenbeil (O.-Preuß.)	9./3. 09	Prof. P. Groth	Kristallographie u. Mineralogie
5706	**Anton**	**Reuß**	Alt-Ötting, O.-B.	9./3. 09	Prof. P. Groth	Kristallographie u. Mineralogie
5708	**Eugen**	**Rheinberger**	Burgzabern	9./3. 09	Prof. P. Groth	Kristallographie u. Mineralogie

H.

Liste der Doktordissertationen

des

Verbandes der Laboratoriumsvorstände an deutschen Hochschulen

für Sommer-Semester 1908 und Winter-Semester 1908/09.

An Stelle der Zeugnisnummer befindet sich der Vermerk: fehlt, wenn der Kandidat die Verbandsprüfung nicht abgelegt hat. In den meisten Fällen hat der Kandidat aber eine gleich- oder höherwertige Fachprüfung absolviert (z. B die Diplomprüfung). Wenn der Kandidat die Verbandsprüfung abgelegt hat und wenn nur die Nummer des Zeugnisses fehlt, ist dies durch Punkte angedeutet. Ein Strich befindet sich dort, wo die entsprechende Auskunft nicht zu erlangen war und wo es daher nicht feststeht, ob der Kandidat die Verbandsprüfung nicht abgelegt hat oder ob nur die Nummer des Zeugnisses nicht bekannt ist.

Technische Hochschule Aachen.

Laufende No.	Name des Promovierten	No. des Verbands-zeugnisses	Vorbildung	Titel der Dissertation	Bezeichnung des Laboratoriums	Name des Dozenten, welcher die Arbeit geleitet hat	Ort der Promotion ev. Fehlanzeige
1	**Caspar Hensen**	2526	R.-G. Ab.	Kritische Untersuchungen der Vanadinbestimmungsmethoden.	Anorgan. Lab. der Techn. Hochschule Aachen	Classen	Aachen

Universität Berlin.

Laufende No.	Name des Promovierten	No. des Verbands-zeugnisses	Vorbildung	Titel der Dissertation	Bezeichnung des Laboratoriums	Name des Dozenten, welcher die Arbeit geleitet hat	Ort der Promotion ev. Fehlanzeige
1	**Oskar Treidel**	4173	G. Ab.	Synthesen in der Phenanthrenreihe.		Pschorr	
2	**Arnold Schottmüller**	4179	G. Ab.	Darstellung von aromat. Carbaminsäuren. u. Umlagerung derselben zu Aminocarbonsäuren.		Houben	
3	**Heinrich v. Bezold**	4765	R.-G.	Zur Kenntnis der Phosphorsulfide.	I. Chem. Inst. Berlin	Stock	
4	**Hans Döscher**	4972	R.-G. Ab.	Über Pinen- und Camphen-Hydrochlorid.		Houben	
5	**Arthur Schleimer**	4966	G. Ab.	Synthesen in der Phenanthrenreihe.		Pschorr	
6	**Karl Linn**	3890	G. Ab.	Zur Kenntnis des Cholesterins.		Diels	

7	**Walther Brassert**	4130	G. Ab.	Über die Fischer-Heppsche Umlagerung.		Houben	
8	**Arthur Geserick**	4976	R.-G. Ab.	Zur Kenntnis der Synthese und der Umwandlungsprodukte des Phloroglucintricarbonsäureesters.		Leuchs	
9	**Walter Kropp**	5557	O.-R.-Sch. Ab.	Synthese von Polypeptiden. Derivate der Glutaminsäure u. α-Aminostearinsäure.		Emil Fischer	
10	**Arthur Voß**	5571	O.-R.-Sch. Ab.	Über Ringschlüsse in Peristellung der Naphtalinreihe.		Sachs	
11	**Frederick la Forge**	5551	Princetown Univ.	Über die Isomerie der Carbäthoxyldiglycylgycinester u. die Beständigkeit von N-Carbonsäuren.		Leuchs	
12	**Walter Holle**	5561	R.-G. Ab.	Zur Kenntnis des Borstickstoffs u. des Bors.		Stock	
13	**Hans Kantorowicz**	5560	G.-Ab.	Die Einwirkung magnesium-organischer Verbindungen auf Indigo und arsenige Säuren.		Sachs	
14	**Albert Pillow**	4974	G. Ab.	Zur Konstitution des dimolekularen Benzoylcyanids.		Diels	
15	**Oscar Ringe**	5553	O.-R.-Sch. Ab.	I. Über Wasserstoffsuperoxydbildung. II. Über die Darstellung von Argon aus Luft mit Calciumcarbid.	I. Chem. Inst. Berlin	Franz Fischer	Berlin
16	**Erich Tiede**	5577	G. Ab.	Das Atomgewicht des Stickstoffs.		Richards u. Köthner	
17	**Paul Voigt**	5568	O.-R.-Sch. Ab.	Neue Untersuchungen über die Zersetzung des Antimonwasserstoffs.		Stock	
18	**Walter Geiger**	4169	G. Ab.	I. Über eine neue Synthese des Serins. II. Über die Anhydride von α-Amino-N-Carbonsäuren.		Leuchs	
19	**Francis Kay**	fehlt	B. S. Manchester	Über einige Polypeptide der β-Aminobuttersäure u. des α-Methylisoserins u. die optischen Komponenten.		Emil Fischer	
20	**August Albert**	5554	R.-G. Ab.	Zur Kenntnis der zyklischen Amine. I. Quartäre u. tertiäre Basen aus Piperidin. II. Vereinfachung der Pyrrolidinsynthese. III. Versuche zur Darstellung von Diaminosäuren.		Gabriel	
21	**Wilhelm Gronewaldt**	5566	R.-G. Ab.	Ketone u. Diketone der Naphtalinreihe.		Sachs	

Universität Berlin. Fortsetzung.

Laufende No.	Name des Promovierten	No. des Verbands-zeugnisses	Vorbildung	Titel der Dissertation	Bezeichnung des Laboratoriums	Name des Dozenten, welcher die Arbeit geleitet hat	Ort der Promotion ev. Fehlanzeige
22	**Alfred Hierszowski**	5599	G. Ab.	Synthese von Polypeptiden.	I. Chem. Inst. Berlin	Abderhalden	Berlin
23	**Erich Müller**	5552	G. Ab.	Zur Kenntnis der m-Toluylsäure.	I. Chem. Inst. Berlin	Gabriel	Berlin
24	**Adolf Rollet**	5522	G. Ab.	Über Äthylthiocodide.	I. Chem. Inst. Berlin	Pschorr	Berlin
25	**Kurt Bendixsohn**	5578	O.-R.-Sch. Ab.	Über die Darstellung von Ozon an rotierenden und stillstehenden Anoden.	I. Chem. Inst. Berlin	Franz Fischer	Berlin
26	**Fritz ter Meer**	5176	G. Ab.	Zur Kenntnis der Äther von Isonitrosoketonen.	I. Chem. Inst. Berlin	Diels	Berlin
27	**Ernesto Moebis**	5583	Lyc. (Chile)	Über die Aufspaltung des δ-Chlor-γ-valerolactons durch die Salze schwacher Säuren.	I. Chem. Inst. Berlin	Leuchs	Berlin
28	**Helmuth Scheibler**	4959	O.-R.-Sch. Ab.	Synthese von Dipeptiden der aktiven Valine. Ein Beitrag zur Kenntnis der Waldenschen Umkehrung.	I. Chem. Inst. Berlin	Emil Fischer	Berlin
29	**Oskar Weichhold**	5556	G. Ab.	Über die Spaltung der Phenylaminoessigsäure in die optisch aktiven Komponenten u. über einige Polypeptide der Aminosäure.	I. Chem. Inst. Berlin	Emil Fischer	Berlin
30	**Otto Hähnel**	5589	O.-R.-Sch. Ab.	I. Über die Darstellung von reinem Rohargon u. reinem Stickstoff. II. Über die kathodische Verstäubung von Metallen in verdünnten Gasen.	I. Chem. Inst. Berlin	Franz Fischer	Berlin
31	**Ludwig Wolter**	3824	O.-R.-Sch. Ab.	I. Über die Tetrafluoride des Zirkoniums u. Zinns. II. Über die Einwirkung von Jod auf Phosphorsesquisulfid. III. Über die Bestimmung des Wolframs im Wolframstahl.	I. Chem. Inst. Berlin	O. Ruff	Berlin
1	**Ladislaus Karczag**	5023	H.-G.	Beiträge zur Kenntnis der Methylweinsäuren.	Physik. Chem. Inst. der Univers. Berlin	Marckwald	Berlin
2	**Ernst Nolda**	5028	R.-G.	Beitrag zur Kenntnis der Amylalkohole.	Physik. Chem. Inst. der Univers. Berlin	Marckwald	Berlin

3	**Hermann Schottky**	5558	G Ab.	Studien zur Thermodynamik der kristallwasserhaltigen Salze.	Physik. Chem. Inst. der Univers. Berlin	Nernst	
1	**Franz Wilhelmi**	5764	G. Ab.	Über den Einfluß von Ortho-Substituenten auf die Reaktion zwischen Lävulinsäureester, Blausäure und primären Aminen.		Kühling	Berlin
2	**Oswald Berkold**	4392	G. Ab.	Über Stickstoffbindung durch Baryumkarbidbildungsgemische u. technisches Baryumkarbid.	Technol. Institut d. Universität Berlin	Kühling	
3	**Bruno Schneider**	5027	R.-G. Ab.	Über Kondensationsprodukte des Alloxans mit gesättigten Ketonen.		Kühling	

Technische Hochschule Berlin-Charlottenburg.

1	**Georg Mardus**	3960	O.-R.-Sch.	Elektrolytische Raffination von Blei aus borfluorwasserstoffsaurer Lösung.			
2	**Wilhelm Schulte**	3951	R.-G.	Über die Abscheidung des Antimons aus seiner Sulfantimonatlösung.	Elektrochem. Laboratorium d. Techn. Hochschule Berlin	v. Knorre	Berlin
3	**Lothar Moses**	4700	G.	Beiträge zur elektrolytischen Bromgewinnung.			
1	**Carl Haslinger**	4361	G. Ab.	Über die Einwirkung von Athylamin auf Isatine.			Berlin T. H.
2	**Hans Trucksaeß**	4342	R.-G. Ab.	Über Glaukophansäure.		C. Liebermann	
3	**Willy Dahse**	5181	G. IIa	Über einige Derivate des Resorcetophenons.			Freiburg (Schweiz)
4	**Jlie Pisovschi**	5213	Ab. Lyc. Bukarest	Über Anthramin und dessen Derivate.			Berlin U.
5	**Josef Holländer**	5183	G. Ab.	Studien in der Cumarinreihe.	Organ. Laborat. der Techn. Hochschule Berlin	H. Simonis	
6	**Negoiza Danaila**	5194	G. Ab.	Über die Konstitution der Phenolisatine Dimethylanilinisatine und deren Farbabkömmlinge.			
7	**Kurt Michaelis**	4350	O.-R.-Sch. Ab.	Über die Reaktion der Gruppe (CO—CH=CH) in Chinon- u. Indonkernen. — Über die Reaktionen zwischen asymmetrischen Hydrazinen und Harnstoffderivaten.		C. Liebermann	Berlin T. H.

Technische Hochschule Berlin-Charlottenburg: Fortsetzung.

Laufende No.	Name des Promovierten	No. des Verbands-zeugnisses	Vorbildung	Titel der Dissertation	Bezeichnung des Laboratoriums	Name des Dozenten, welcher die Arbeit geleitet hat	Ort der Promotion ev. Fehlanzeige
1	**Max Thielsch**	3534	R.-G. Ab.	Über das symmetrische Trichlornitrobenzol u. verw. Verbindungen.		Otto N. Witt	Berlin
2	**Adalbert Zoellner**	5225	G. Ab.	Zur Frage der chemischen u. physikalisch. Natur des Porzellans.		F. Spitzer	Berlin (U)
3	**Karl Jüngel**	5200	O.-R.-Sch. Ab.	Über p. Aminooxydiphenylamine.	Techn. chem. Inst. d. Techn. Hochsch.		Berlin (U)
4	**Reiner Dahmen**	4336	Dipl.-Ing. G.	Über den Aufbau von Diphenylaminderivaten aus p-Chlornitrobenzol.		F. Ullmann	Berlin
5	**Walter Bruck**	5196	R.-G. Ab.	Studien über 2,4-Dinitro-α-naphthol und Styphninsäure.			Berlin (U)

Landwirtschaftliche Hochschule Berlin.

Laufende No.	Name des Promovierten	No. des Verbands-zeugnisses	Vorbildung	Titel der Dissertation	Bezeichnung des Laboratoriums	Name des Dozenten, welcher die Arbeit geleitet hat	Ort der Promotion ev. Fehlanzeige
1	**Hermann Wüstenfeld**	4040	G. Ab.	Bildung von Citronensäure durch Citromyces.		Buchner	
2	**Reinhold Gruhl**	4997	R.-G. Ab.	Versuche zur Synthese des Phenylcyclopropylamins.	Chem. Lab. d. landw. Hochschule Berlin	Buchner	Berlin Univ.
3	**Erich Hesse**	4052	G. Ab.	Über die Reduktion der o- u. p-Dinitrotoluole.		Meisenheimer	

Universität Bonn.

Laufende No.	Name des Promovierten	No. des Verbands-zeugnisses	Vorbildung	Titel der Dissertation	Bezeichnung des Laboratoriums	Name des Dozenten, welcher die Arbeit geleitet hat	Ort der Promotion ev. Fehlanzeige
1	**Robert Wintgen**	4948	G.	Über den Einfluß der Komplexbildung auf Raumerfüllung u. Lichtbrechung in wässeriger Lösung von Salzen u. Säuren.	Chem. Inst. d. Univ. Bonn	E. Rimbach	Bonn
2	**Eduard gen. Paul Förster**	4544	R.-G.	Über die Einwirkung von Hydrazinen auf Rhodanessigsäure und Rhodanessigester.		G. Frerichs	

3	**Herman Kilian**	3881	G.	Beiträge zur Kenntnis der Verbindungen des drei- u. vierwertigen Ceriums.		E. Rimbach	Bonn
4	**Franz Hartogh**	5267	O.-R.	Beitrag zur Chemie der Mineralöle nebst einem Anhange, die Literatur über die Mineralöle enthaltend.	Chem.-Techn. Lab. d. kgl. bayer. Techn. Hochschule München	G. Schultz	Bonn
5	**Eugen Molineus**	5045	R.-G.	Über die Einwirkung von Phosphorpentachlorid auf Phenolparasulfosäure, Dibromphenolparasulfosäure und Acetylphenolparasulfosäure.	Chem. Inst. d. Univ. Bonn	R. Anschütz	Bonn

Technische Hochschule Braunschweig.

1	**Tobias Masur**	5365	Hand.-Sch. Ab.	Über die Bildung einiger neuer Akridinfarbstoffe aus Abkömmlingen des Diaminodiphenylmethans.	Herzgl. Techn. Hochschule Braunschweig Chem. Laborat.	Biehringer	Braunschweig
2	**Jacob Lipski**	5373	Hand.-Sch. Ab.	Über die Synthese des Ammoniaks aus den Elementen.	Herzgl. Techn. Hochschule Braunschweig Lab. f. physikal. Chem. u. Elektroch.	Baur	Braunschweig
1	**Bernhard Lindner**	4592	G.	Untersuchungen über Trane.	Pharm. Institut der Herzogl. Techn. Hochschule Braunschweig	Beckurts	Braunschweig
2	**Max Franke**	4602	R.-G.	Über Styrylaminverbindungen.	Pharm. Institut der Herzogl. Techn. Hochschule Braunschweig	Beckurts u. Emde	Braunschweig
3	**Emil Lux**	4604	G.	Über die Beweglichkeit der Wasserstoffatome der Methylengruppe in Verbindungen der allgemeinen Formeln $R \cdot SO^2 \cdot CH^2 \cdot CN$, $RSO^2 \cdot CH^2CO\,NH^2$ und $R \cdot SO^2 \cdot CH^2 \cdot COO\,C^2H^5$.	Pharm. Institut der Herzogl. Techn. Hochschule Braunschweig	Beckurts u. Tröger	Braunschweig
4	**Georg Puttkammer**	4609	G.	Über Säureadditionsprodukte von Dimethylazobenzolhydrazonen.	Pharm. Institut der Herzogl. Techn. Hochschule Braunschweig	Beckurts u. Tröger	Braunschweig
5	**Otto Müller**	D.	O.-R.-Sch.	Beiträge zur Erforschung der Angosturaalkaloide.	Pharm. Institut der Herzogl. Techn. Hochschule Braunschweig	Beckurts u. Tröger	Braunschweig
6	**Adolf Prochnow**	D.	G.	Beiträge zur Untersuchung des Kakaos und seiner Präparate.	Pharm. Institut der Herzogl. Techn. Hochschule Braunschweig	Beckurts	Braunschweig

Universität Breslau.

Laufende No.	Name des Promovierten	No. des Verbands-zeugnisses	Vorbildung	Titel der Dissertation	Bezeichnung des Laboratoriums	Name des Dozenten, welcher die Arbeit geleitet hat	Ort der Promotion ev. Fehlanzeige
1	**Arthur Guttmann**	5004	O.-R.-Sch. Ab.	Über Wismutoxydulverbindungen.	Chem. Inst. d. Univ. Breslau	Herz	Breslau
2	**Warren Lewis**	5018	M. S.	Komplexbildung zwischen Bleinitrat und Kaliumnitrat.	Chem. Inst. d. Univ. Breslau	Abegg	Breslau
3	**Frederick Johnson**	6471	B. S.	Die Dampfdichte von trockenem NH_4Cl u. gewöhnlichem NH_4Cl, NH_4Br u. NH_4J.	Chem. Inst. d. Univ. Breslau	Abegg	Breslau
4	**Fritz Thiel**	5003	R.-G. Ab.	Kondensation von $\alpha, \alpha,$-Lutidin mit Formaldehyd u. einige Derivate des $\alpha, \alpha,$-Methyläthylolpyridins.	Chem. Inst. d. Univ. Breslau	Loeffler	Breslau
5	**Ms. Violette Dover**	6472	B.A. u. M. S.	Gleichgewicht zwischen Ferro-, Ferri- und Silberion mit metallischem Silber.	Chem. Inst. d. Univ. Breslau	Abegg	Breslau
6	**Wilhelm Melzer**	5016	G. Ab.	Siliconsäure und ihre Derivate.	Chem. Inst. d. Univ. Breslau	Ladenburg	Breslau
7	**Wladislaus Sobecki**	5011	O.-R.-Sch. Ab.	Synthese tertiärer Pyridylalkine und die Produkte ihrer Umwandlung.	Chem. Inst. d. Univ. Breslau	Ladenburg	Breslau
1	**Ernst Steinbrecher**	4985	G. Ab.	Versuche zur Aufklärung der Isomerie bei dem i-Corydalin (135°). Anwendung der Grignardschen Reaktion auf Berberin und Verwandte.	Pharm. Institut	Gadamer	Breslau
2	**Arnold Voß**	777	O.-R.-Sch. Ab. Ap. II	Über die Isomerieverhältnisse der Ammoniumbasen des Tetrahydroberberins.	Pharm. Institut	Gadamer	Breslau

Technische Hochschule Darmstadt.

Laufende No.	Name des Promovierten	No. des Verbands-zeugnisses	Vorbildung	Titel der Dissertation	Bezeichnung des Laboratoriums	Name des Dozenten, welcher die Arbeit geleitet hat	Ort der Promotion ev. Fehlanzeige
1	**Peter Brodal**	fehlt	O.-R.-Sch. Ab.	Versuche zur Darstellung von p-Nitrobenzaldehyd.	Chem.-techn. u. elektrochem. Inst.	Dieffenbach	Darmstadt
2	**Otto Uhlig**	fehlt	G. Ab.	Versuche zur elektrolytischen Darstellung von Nitrosokörpern mittels Wechselstrom.	Chem.-techn. u. elektrochem. Inst.	Dieffenbach	Darmstadt

Technische Hochschule Dresden.

1	**Johannes Wolf**	5084	G. Ab.	Beiträge zur quantitativen Bestimmung u. Trennung von Antimon und Zinn durch Elektrolyse aus den Lösungen ihrer Sulfosalze in Schwefelalkalilösungen.	Elektrochem. Labor.	Fr. Foerster	Dresden
2	**Kurt Starke**	4447	G. Ab.	Zur Kenntnis der Dinitrile.	Organ.-chem. Labor.	E. v. Meyer	Dresden
3	**Maximilian Schmidt**	fehlt	G. Ab. Dipl.-Ing. München	Einwirkung von Bisulfit auf Hydrazine, spez. Naphtylhydrazine.	Farbenchem. Labor.	H. Bucherer	Dresden
4	**Kurt Würzner**	4450	G. Ab.	Zur Kenntnis der Oxythiazoline.	Organ.-chem. Labor.	R. v. Walther	Dresden
5	**Erwin Schwabe**	5669	R.-G. Ab.	Zersetzungsweisen tetraalkylierter Ammoniumverbindungen.	Organ.-chem. Labor.	E. v. Meyer	Dresden
6	**Rudolph Gebauer**	5662	R.-G. Ab.	Zur Kenntnis des Aminokoffeins, des Oxykoffeins, des Thiokoffeins und ihrer Derivate.	Organ.-chem. Labor.	R. v. Walther	Dresden
7	**Martin Böttcher**	5096	R.-G. Ab.	Über die Verflüssigung des Tones durch Alkali.	Organ.-chem. Labor.	A. Lottermoser	Dresden
8	**Ole Mustad**	5679	G. Ab.	Abscheidungspotential des Eisens aus seinen Sulfat- u. Chlorürlösungen bei verschiedenen Temperaturen.	Elektrochem. Labor.	Fr. Foerster	Dresden
9	**Alfred Oettel**	5656	Gew.-Ak. Chemnitz	Über die elektrolytische Abscheidung des Magnesiums.	Elektrochem. Labor.	Fr. Foerster	Dresden
10	**Kurt Weger**	5644	G. Ab.	Über die elektrolytische Reduktion von Chloraten an Eisenkathoden.	Elektrochem. Labor.	Fr. Foerster	Dresden
11	**Armin Uhlmann**	5094	R.-G. Ab.	Über die Anwendung der Sulfitreaktion auf einige Ana (1,5)-Derivate des Naphtalins.	Farbenchem. Labor.	H. Bucherer	Dresden
12	**Ernst Sonnenburg**	5092	G. Ab.	Beiträge zur Anwendung der Sulfitreaktion	Farbenchem. Labor.	H. Bucherer	Dresden
13	**Erich Richter**	5657	R.-G. Ab.	Studien über die Bestimmung von Äthan neben Methan und Wasserstoff.	Anorgan.-chem. Lab.	W. Hempel	Dresden
14	**Walther Friese**	1482	R.-G. Ab.	Beiträge zur Kenntnis des Staubes in der Stadtluft.	Hygien. Institut	Fr. Renk	Dresden
15	**Georg Hager**	3481	G. Ab.	Über den Ersatz des Calciums in den Pflanzen durch Strontium, Baryum, Magnesium u. über die Aufnahme dieser Elemente durch die Pflanzen.	Agrikulturchem. Lab. Marburg a/L.	Prof. Haselhoff	Dresden

Technische Hochschule Dresden. Fortsetzung.

Laufende No.	Name des Promovierten	No. des Verbands-zeugnisses	Vorbildung	Titel der Dissertation	Bezeichnung des Laboratoriums	Name des Dozenten, welcher die Arbeit geleitet hat	Ort der Promotion ev. Fehlanzeige
16	**Georg Büttner**	5666	G. Ab.	Versuche zur Destillation des Holzes mit überhitztem Wasserdampf.	Chem. Labor. der Forstakad. Tharandt	H. Wislicenus	Dresden
17	**Johannes Richter**	6071	Gew.-Ak. Chemnitz	Untersuchung von Schwefelsäurekammergasen.	Anorgan.-chem. Lab.	W. Hempel	Dresden
18	**Otto Lindemann**	fehlt	G. Ab. Dipl.-Ing. Dresden	Beiträge zur Kenntnis der Einwirkung von Natronlauge auf Baumwolle.	Farbenchem. Labor.	R. Möhlau	Dresden
19	**Gustav Haensel**	fehlt	G. Ab.	Kondensation von Dinitrilen mit Isatinsäure, o-Amidoacetophenon und o-Amidobenzaldehyd zu Chinolinderivaten	Organ.-chem. Labor.	E. v. Meyer	Erlangen
20	**William Treadwell**	fehlt	G. Ab. Dipl.-Ing. Zürich	Über die elektrolytische Abscheidung von Zinknickellegierungen aus dem Gemisch der Sulfatlösungen beider Metalle.	Elektrochem. Labor.	Fr. Foerster	Dresden

Universität Erlangen.

Laufende No.	Name des Promovierten	No. des Verbands-zeugnisses	Vorbildung	Titel der Dissertation	Bezeichnung des Laboratoriums	Name des Dozenten, welcher die Arbeit geleitet hat	Ort der Promotion ev. Fehlanzeige
1	**Adolf Herzog**	5702	R.-G.	Über einige elektrochemische Apparate u. Zersetzungen aus dem Gebiete der organischen Chemie.	Chem. Labor. d. Univ. Erlangen	Dr. Henrich	Erlangen
2	**Walter Thomas**	4930	Ap.	Einwirkung von zwei Molekülen Diazobenzol auf 1 Molekül Glutaconsäure und deren Derivate.	Chem. Labor. d. Univ. Erlangen	Dr. Henrich	Erlangen
3	**Paul Haas**	5126	R.-G.	Das Atomgewicht des Palladiums.	Chem. Labor. d. Univ. Erlangen	Dr. Gutbier	Erlangen
4	**Friedrich Achterfeldt**	4242	Ap.	Stereoisomerie bei Hydrazonen der Glyoxylsäure.	Chem. Labor. d. Univ. Erlangen	Dr. M. Busch	Erlangen
5	**Eugen Schweizer**	4918	Ap.	Über die Einwirkung schwefellösender Extraktionsmittel auf Metallsulfide.	Chem. Labor. d. Univ. Erlangen	Dr. Jordis	Erlangen

6	**Siegfried Eilles**	5424	Ap.	Über Kuppelung von Diazoniumverbindungen bei Gegenwart von Pyridin.	Chem. Labor. d. Univ. Erlangen	Dr. O. Fischer	Erlangen
7	**Paul Lincke**	3866	G.	Über die Umsetzung zwischen Natriumsilikat und Eisenchloridlösungen.		Dr. Jordis	
8	**Heinrich Gebhardt**	5438	Ind.-Sch.	Das Atomgewicht des Palladiums.		Dr. Gutbier	
9	**Curt Renz**	4926	R.-G.	Das Atomgewicht des Rhodiums.		Dr. Gutbier	
10	**Karl Weidner**	5436	R.-G.	Über das Phosphorsuboxyd.		Dr. Gutbier	
11	**Andreas Balling**	5136	R.-G.	Über Verbindungen des Furfurols mit aromatischen Aminen.		Dr. O. Fischer	
12	**Carl Jacobsen**	5425	O.-R.-Sch.	Beitrag zur Kenntnis der Triaminotriphenylmethanderivate.		Dr. O. Fischer	
13	**Adolf Fritzen**	5435	G.	Über die Reduktion von Triphenylmethanfarbstoffen sowie von Benzolverbindungen u. aromat. Aldehyden mit Natriumhydrosulfit.		Dr. O. Fischer	
14	**Ferdinand Falco**	4247	G.	Zur Kenntnis der Doppelverbindungen des Rutheniumtrichlorids u. deren Isomeren.		Dr. Gutbier	
15	**Kurt Wolter**	4913	Ap.	Über Cyanbenzylamine.		Dr. O. Fischer.	
1	**Adolf Bauer**	3621	Ap. Note I	Über die Konstitution der bei der Einwirkung von Schwefelkohlenstoff u. Ätzkali auf Ketone entstehenden Verbindungen.	Pharm.-chem. Inst. d. Univ. Erlangen	H. Apitzsch	
2	**Robert Blezinger**	3619	Ap. Note I	Über die Einwirkung von Schwefelkohlenstoff u. Ätzalkali auf Acetondicarbonsäureester.		H. Apitzsch	
3	**Karl Küster**	4753	Ind.-Sch. abs.	I. Über kolloidale Phosphate und Chromate von Schwermetallen. II. Synthese 1,1-diarylsubstituierter Sorbite.		C. Paal	
4	**Max Kinscher**	3624	Ap. Note I	I. Synthese 1,1-diarylsubstituierter Arabite. II. Zur Kenntnis des 1,1-Diphenylglycerins.		C. Paal	

Universität Freiburg i. B.

Laufende No.	Name des Promovierten	No. des Verbands-zeugnisses	Vorbildung	Titel der Dissertation	Bezeichnung des Laboratoriums	Name des Dozenten, welcher die Arbeit geleitet hat	Ort der Promotion ev. Fehlanzeige
1	**Bruno Fach**	5396	R.-G. Ab.	Chemische Untersuchungen über Roterden und Bohnerztone.	Univ.-Lab. Freiburg (philos. Abt.)	Meigen	Freiburg i/B.
2	**Erich Löhmann**	5386	R.-G. Ab.	Studien über den Verlauf der Sandmeyerschen Reaktion b. Bromamidochinolinen.		Howitz	
3	**Albert Gundlach**	5391	R.-G. Ab.	Über Merkaptane der Anthrachinonreihe.		Gattermann	
4	**Rudolf Gartner**	5818	G. Ab.	Zur Kenntnis der Derivate des o-Jod-p-Toluidins.		Willgerodt	
5	**Fritz Thomas**	5388	G. Ab.	Verzögerung u. Beschleunigung chemischer Vorgänge durch Licht.		Trautz	
6	**Jakob Wittmann**	4703	G. Ab.	Über Derivate des p-Nitrothiophenols.		Fromm	
7	**Fritz Arndt**	5387	G. Ab.	Untersuchungen über neue Derivate des o-Toluchinolins.		Howitz	
8	**Hedwig Fränkel**	5400	R.-G. Ab.	Untersuchungen über Benzoljodchinoline und ihre Derivate.		Howitz	
9	**Hans Günther Schering**	4979	R.-G. Ab.	Chemische Untersuchungen über Löß und Lehm.		Meigen	
10	**Wilhelm Clemm**	4480	G. Ab.	Über die Verkieselung von Kalksteinen.		Meigen	
11	**Alfred Wesch**	5385	O.-R.-Sch. Ab.	Über Chromsäurederivate.		Riesenfeld	
12	**Adolf Rösicke**	4994	G. Ab.	Über Disulfide mit benachbarten Doppelbindungen.		Fromm	
13	**Walter Lambrecht**	5394	R.-G. Ab.	Geschwefelte Abkömmlinge des Benzylidenacetophenons.		Fromm	
14	**Walter Koch**	5804	R.-G. Ab.	Über das Verhalten von Lignozellulose beim Erhitzen mit Wasser unter Druck.		Meigen	
15	**James Mc. Kee**	5819	B. A.	Thioderivate der Ketone.		Fromm	
16	**Otto Gaupp**	4778	R.-G. Ab.	Derivate der Sulfoxylsäure.		Fromm	
17	**Wilhelm Kochmann**	5392	G. Ab.	Beiträge zur Kenntnis der Bz-Chinolin-p-Merkaptane.		Edinger	

18	**Bernhard Reinhold**	5383	O.-R.-Sch. Ab.	Zur Abhängigkeit der Überführungszahlen von der Konzentration und der Wahl des Lösungsmittels.	Univ.-Lab. Freiburg (philos. Abt.)	Riesenfeld	Freiburg i/B.
1	**Alfred Geyer**	5537	G. Ab. Ap. Note II	Über die Einwirkung von Fünffach-Chlor- u. Brom-Phosphor auf Phenole u. Merkaptane und über zyklische schwefelhaltige Verbindungen.	Mediz. Abt. d. chem. Laborat. d. Univ. Freiburg i/Br.	Autenrieth	Freiburg i/B.

Universität Giessen.

1	**Paula Blum**	5389	G. Ab.	Die Sauerstoffentwicklung aus Kaliumchlorat u. Kaliumperchlorat unter dem Einfluß von Katalysatoren.	Chem. Univ.-Lab. Gießen	Alex. Naumann	Gießen
2	**Adolf Ruppel**	6258	R.-G. Ab.	Geschwindigkeiten der Einwirkung von Salpetersäure auf Oxalsäure.	Chem. Univ.-Lab. Gießen	Alex. Naumann	Gießen
3	**Paul Oppenheim**	fehlt	G. Ab.	Der Abbau des Narceins.	Chem. Lab. d. phys. Ver. Frankfurt a. M.	M. Freund	Gießen
4	**Hermann Borck**	5485	O.-R.-Sch. Ab,	Über Verbindungen, welche Eisensuperoxyd FeO_2 enthalten.	Chem. Univ.-Lab. Gießen	Alex. Naumann	Gießen
5	**Alexander Orechow**	5443	R.-G. Ab. u. G. Ab.	Über die Einwirkung von Phosphorpentasulfid auf einige aromat. Amine.	Chem. Univ. Lab. Gießen	Erich Beschke	Gießen
6	**Karl Lederer**	2723	O.-R.-Sch. Ab.	Einwirkung von Grignardlösungen auf basische Spaltungsprodukte der Alkaloide Hydrastin und Narkotin.	Chem. Lab. d. phys. Ver. Frankfurt a/M.	M. Freund	Gießen
7	**Paul Keim**	4015	G. Ab.	Über die Vereinigung von Benzil mit Phenol.	Univ.-Lab. f. angew. Chemie München	Hans von Liebig	Gießen
8	**Hugo Anthes**	5474	O.-R.-Sch. Ab.	Über die Bildung von Arsenwasserstoff bei der Einwirkung arsenhaltiger Schwefelsäure auf Zink, Eisen und Blei.	Chem. Univ.-Lab. Gießen	Alex. Naumann	Gießen
1	**Alfred H. Michel**	Dipl. Hauptprüf.	G. Ab.	Über die Einwirkung von metallischem Nickel auf Hydroxylaminsalze.	Lab. v. Prof. Dr. Wittstein (Dr. Sieber) München	Dr. Sieber	Gießen
2	**Wilhelm Gorr**	5171	R.-G. Ab.	Über die Gewinnung von Hydrazinen durch elektrochemische Reduktion.	Phys.-chem. Labor. d. Univ. Gießen	Elbs	Gießen

Universität Giessen. Fortsetzung.

Laufende No.	Name des Promovierten	No. des Verbands-zeugnisses	Vorbildung	Titel der Dissertation	Bezeichnung des Laboratoriums	Name des Dozenten, welcher die Arbeit geleitet hat	Ort der Promotion ev. Fehlanzeige
3	**Georg Bode**	4825	O.-R.-Sch. Ab.	Studium der Einwirkung von Grignard-Lösungen auf organische Halogen-ammoniumverbindungen.	Chem. Lab. d. phys. Ver. Frankfurt a/M.	M. Freund	Gießen
4	**Gustav Warnecke**	2771	R.-G. Ab.	Über Diaminodisulfonsäuren aus H-Säure und Amino-R-Säure.	Physik.-Chem. Lab. d. Univ. Gießen	Elbs	Gießen
5	**Karl Sinner**	2773	R.-G. Ab.	Vergleichende Laktylierung primärer aromatischer Amine.	Physik.-Chem. Lab. d. Univ. Gießen	Elbs	Gießen
6	**Paul Küchel**	5072	O.-R.-Sch. Ab.	Über die Kondensation des 2, 4-Dinitrochlorbenzols mit m-Diaminoazoverbindungen u. die Bildungsgeschwindigkeit as-Dinitrodiphenylaminderivate.	Physik.-Chem. Lab. d. Univ. Gießen	Brand	Gießen
7	**Aloys Schuster**	2999	G. Ab.	Über die elektrochemische Reduktion einiger laktylierter Nitrotoluidine.	Physik.-Chem. Lab. d. Univ. Gießen	Elbs	Gießen

Universität Göttingen.

Laufende No.	Name des Promovierten	No. des Verbands-zeugnisses	Vorbildung	Titel der Dissertation	Bezeichnung des Laboratoriums	Name des Dozenten, welcher die Arbeit geleitet hat	Ort der Promotion ev. Fehlanzeige
1	**Waldemar Bothe**	5293	R.-G. Ab.	Über einige neue Diphenylenoxyd- und Carbazolderivate.	Allg. chem. Laborat. Göttingen.	Borsche	Göttingen
2	**Fritz Meister**	4693	O.-R.-Sch. Ab.	Über ein neues Terpinenol.	Allg. chem. Laborat. Göttingen.	Wallach	Göttingen
3	**Kurt von Martius**	5584	G. Ab.	Vergleichende Versuche über die Kondensationsfähigkeit zyklischer Ketone.	Allg. chem. Laborat. Göttingen.	Wallach	Göttingen
4	**Adolf Rosenbach**	4589	G. Ab.	Untersuchungen über Pulegon und Isopulegon.	Allg. chem. Laborat. Göttingen.	Wallach	Göttingen
5	**Edgar Evans**	5298	B. A.	Über die Darstellung semizyklischer Kohlenwasserstoffe und ihrer Derivate.	Allg. chem. Laborat. Göttingen.	Wallach	Göttingen
6	**Paul Virck**	5305	R.-G. Ab.	Beiträge zur Kenntnis des Fenchons.	Allg. chem. Laborat. Göttingen.	Wallach	Göttingen

7	**Hans Thiedtke**	5442	R.-G. Ab.	Über tetrahydrierte Acridin- und Phenanthridinverbindungen.	Allg. chem. Laborat. Göttingen.	Borsche	Göttingen
8	**Richard Heyer**	5997	G. Ab.	Über Umwandlungen des Sabinaketons.		Wallach	
9	**Friedrich Medicus**	5135	R.-G. Ab.	Über Kondensationsprodukte halogenisierter Säureester mit zyklischen Ketonen.		Wallach	
1	**Kurt Lewkonja**	5299	G. Ab.	Über die Legierungen des Kobalts.	Institut f. physik. Chemie	Tammann	
2	**Gustav Hindrichs**	2525	R.-G. Ab.	Über Chrom- und Manganlegierungen.		Tammann	
3	**Walter Gontermann**	5304	R.-G. Ab.	Über Eisen-Kohlenstoff-Silicium-legierungen.		Tammann	
4	**Otto Faust**	5291	G. Ab.	Beitrag zur Elektrochemie des Eisens.		Dolezalek	

Universität Greifswald.

1	**Kurt Hannemann**	4834	G. Ab.	Die Wanderung von Säureresten in acylierten Phenylhydrazonen aromatischer o-Oxyaldehyde und o-Oxyketone.	Chem. Institut der Universität Greifswald	K. Auwers	Greifswald
2	**Friedrich von der Heyden**	2700	R.-G. Ab.	Untersuchungen über Wanderungen von Radikalen in den Molekülen aromatischer Verbindungen.			
3	**Karl Müller**	5393	G. Ab.	Über intramolekulare Umlagerungen und Ringschließungen in orthosubstituierten Benzolabkömmlingen.			

Universität Halle a. S.

1	**Viktor Bertleff**	5491	G. Ab.	Morphotropie u. Isomorphie kristallinisch-flüssiger Substanzen.	Chem. Institut der Univ. Halle a. S.	Vorländer	Halle a. S
2	**Ernst Biesalski**	4996	G. Ab.	I. Kondensation von Benzaldehyd mit Resorcin. II. Anomalien der Raoultschen Molekulargewichtsbestimmung.		Doebner Vorländer	
3	**Ernst Schulz**	5497	G. Ab.	I. Beiträge zur Kenntnis der Sorbinsäure und der Cinnamenylacrylsäure. II. Über Kondensation von Benzaldehyd mit o-Toluidin.		Vorländer Doebner	

Universität Halle a. S. Fortsetzung.

Laufende No.	Name des Promovierten	No. des Verbands-zeugnisses	Vorbildung	Titel der Dissertation	Bezeichnung des Laboratoriums	Name des Dozenten, welcher die Arbeit geleitet hat	Ort der Promotion ev. Fehlanzeige
4	**Erich Straube**	5498	G. Ab.	Kondensation von Butyrchloral und Butyrchloralhydrat mit Malonsäure.	Chem. Institut der Univ. Halle a. S.	Doebner, Vorländer	Halle a. S.
5	**Bernhard Schöner**	4514	G. Ab.	Über eine durch Sulfurierung erhältliche Monosulfosäure des p-Aminodiphenylamins u. ihren Vergleich m. d. bekannten p-Aminodiphenylaminsulfosäuren.	Laborat. f. angew. Chemie der Univers. Halle a. S.	E. Erdmann	Halle a. S.
6	**Georg Hentschel**	4524	G. Ab.	Ersatz der Alkyle tertiärer aromatischer Amine durch Acyle und durch Nitrosyl.	Chem. Institut der Univ. Halle a. S.	Doebner, Vorländer	Halle a. S.
7	**Ernst Wolferts**	4521	G. Ab.	Einfluß der molekularen Gestalt auf den kristallinisch-flüssigen Zustand.	Chem. Institut der Univ. Halle a. S.	Vorländer	Halle a. S.
8	**Otto Fritze**	4530	R.-G. Ab.	Über die Passivität des Kobalts u. Nickels in Alkalilösungen und die Bildung von komplexem Kobalti- u. Nickelicarbonat.	Chem. Institut der Univ. Halle a. S.	Tubandt	Halle a. S.
9	**Wilhelm Kasten**	5371	R.-G. Ab.	Kristallinisch-flüssige Derivate der α-alkylierten Zimtsäuren.	Chem. Institut der Univ. Halle a. S.	Vorländer	Halle a. S.
10	**Friedrich Raspe**	5322	R.-G. Ab.	Konstitution der Linolensäure.	Lab. f. angew. Chemie d. Univ. Halle a. S.	E. Erdmann	Halle a. S.
11	**Richard Wilke**	4516	O.-R.-Sch. Ab.	Über Polymorphie d. kristallinischen Flüssigkeiten und über kristallinische Harze.	Chem. Institut der Univ. Halle a. S.	Vorländer	Halle a. S.

Technische Hochschule Hannover.

Laufende No.	Name des Promovierten	No. des Verbands-zeugnisses	Vorbildung	Titel der Dissertation	Bezeichnung des Laboratoriums	Name des Dozenten, welcher die Arbeit geleitet hat	Ort der Promotion ev. Fehlanzeige
1	**Georg Gennerich**	fehlt	R.-G. Ab. D.	Über die Löslichkeit von Oxalaten in Wasser und Salzsäure.	Labor. f. anorgan. Chemie Hannover	Seubert	Hannover
1	**Rudolf Niemeyer**	5874	G. Ab. D.	Über die Kondensation von Hydantoïn mit Formaldehyd.	Organ.-chem. Lab. d. Techn. Hochschule	Behrend	Hannover
2	**Roland Schultz**	fehlt	G. Ab. D.	Zur Oxydation der Harnsäure in alkalischer Lösung.	Organ.-chem. Lab. d. Techn. Hochschule	Behrend	Hannover
3	**Adolf Hofmann**	fehlt	R.-G. Ab.	Über die Hydrazone der Zucker.	Organ.-chem. Lab. d. Techn. Hochschule	Behrend	Hannover

Universität Heidelberg.

1	**Jakob Jung**	4467	O.-R.-Sch.	Zur Kenntnis katalytischer Wirkungen bei der Acetylierung organ. Verbindungen.	Univ.-Lab.	Knoevenagel	Heidelberg
2	**Johannes Kaiser**	4472	G.	Über die Einwirkung von Phosphorpentachlorid auf sekundäre Säurehydrazide.	Univ.-Lab.	Stollé	Heidelberg
3	**Ferdinand Meyer**	4463	O.-R.-Sch.	Über Diazoverbindungen der Pyrazol- u. Diphenylreihe.	Univ.-Lab.	Mohr	Heidelberg
4	**Herbert Hodgson**	5338	B. S. u. B. A.	Untersuchungen über Derivate des Triphenylmethans und Tritolylmethans.	Polytechnik. Zürich	Schmidlin	Heidelberg
5	**Friedrich Kraft**	4464	O.-R.-Sch.	Zur Kenntnis der n-amidierten heterocyclischen Verbindungen und der tertiären Hydrazine.	Univ.-Lab.	Franzen	Heidelberg
6	**Wolfgang Kohlunt**	3266	G.	Über die Addition von Kohlenwasserstoffresten an Doppelbindungen.	Univ.-Lab.	Klages	Heidelberg
7	**Ernst Welde**	4465	G.	Über die Umlagerung von Diazoacetylglycinester in Triazolonderivate.	Univ.-Lab.	Curtius	Heidelberg
8	**Heinrich Clingestein**	4471	G.	Über Menthadiëne. Ein Beitrag zur Ermittlung der Konstitution auf optischem Wege.	Univ.-Lab.	Klages	Heidelberg
9	**Nicolas Kyriacou**	5321	Lyc. imp. Ottoman	Untersuchungen über Cystin.	Univ.-Lab.	Curtius	Heidelberg
10	**Christian Hansen**	5781	G.	Über Verdampfen und Sieden hochmolekularer organischer Substanzen in luftleeren u. luftverdünnten Räumen.	Privat-Lab.	Krafft	Heidelberg
11	**Walter Filke**	5311	G.	Über die quantitative Verflüchtigung der Phosphorsäure aus ihren Salzen durch Tetrachlorkohlenstoff.	Univ.-Lab.	Jannasch	Heidelberg
12	**Eugen Rimele**	5319	O.-R.-Sch.	Über die Einwirkung von Hydrazinhydrat auf Bisdiazoessigester und über die Salze der Bisdiazoessigsäure.	Univ.-Lab.	Curtius	Heidelberg
13	**Percy Bowles**	5313	Techn. Coll.	Über Thiocarbohydrazid und die Einwirkung von Hydrazin auf Guanidin.	Univ.-Lab.	Stollé	Heidelberg

Universität Jena.

Laufende No.	Name des Promovierten	No. des Verbands-zeugnisses	Vorbildung	Titel der Dissertation	Bezeichnung des Laboratoriums	Name des Dozenten, welcher die Arbeit geleitet hat	Ort der Promotion ev. Fehlanzeige
1	**Raimund Krüche**	2242	G.	Beiträge zur Kenntnis der 1, 2, 3-Triazole.	I. Chem. Univ.-Lab.	Wolff	
2	**Carl Höfchen**	5516	Ap. I	Zur Kenntnis der Cyaninfarbstoffe.	Inst. f. angew. Ch.	Vongerichten	
3	**Heinrich Sander**	5466	Ap. I	Über Lorbeerfett.	Inst. f. Pharmazie	Matthes	
4	**Wilhelm Naumann**	5444	G.	Über Oxydation von Chinaalkaloiden.		Rabe	
5	**Franz Staubach**	5996	O.-R.-Sch.	Über Acetylderivate des Kodeins und über hydrierte Methyl-morphi-methine.		Knorr	Jena
6	**Erich Kuliga**	5610	Ap. I	„Über Chininon".	I. Chem. Univ.-Lab.	Rabe	
7	**Howard Butler**	5454	Coll. London	Beiträge zur Kenntnis des Pseudokodeins und 2-Methyl-morphi-methins.		Knorr	
8	**John Aitken**	2246	High Sch. Glasgow	Beiträge zur Kenntnis der desmotrop-isomeren Diacetbernsteinsäureester.		Knorr	

Technische Hochschule Karlsruhe.

Laufende No.	Name des Promovierten	No. des Verbands-zeugnisses	Vorbildung	Titel der Dissertation	Bezeichnung des Laboratoriums	Name des Dozenten, welcher die Arbeit geleitet hat	Ort der Promotion ev. Fehlanzeige
1	**Jeno Kinsky**	6282	O.-R.-Sch.	Die Elektrizitätsleitung in Metallen und Amalgamen.	Physik.-chem. Inst. Leipzig	Le Blanc	
2	**Gustav Birstein**	7303	R.-Sch.	Beitrag zur Elektrolyse der Alkalisalze in festem Zustande.	Physik.-chem. Inst.	Haber	
3	**Richard Levi**	6284	Ind.-Sch.	Über hydrocyclische Aminosäuren.	Chem.-techn. Inst.	Skita	
4	**Franz Hörth**	4507	O.-R.m.G.	Versuche zur Erkenntnis der Milchsäuregärung.	Chem. Inst.	Herzog	
5	**Gustav Rodewald**	6304	G.	Über die Reindarstellung bekannter und neuer Subhaloide.		Wöhler	Karlsruhe
6	**Reinhard Beutner**	4951	G. Ab.	Neue galvanische Elemente.		Haber	
7	**Gilbert Morden**	7305	Bachelor of arts	Die Stickoxydbildung aus Luft mit Gleichstromentladgn. unt. vermindertem Druck.	Phys.-chem. Institut	Haber	
8	**Eugen Spanier**	4495	G.	Zur Kenntnis der Wirkung des Schwefels auf Kohlenwasserstoffe u. des Schwefelgehaltes der Erdöle.	Chem. Inst.	Engler	

9	**Viktor Altmayer**	5759	O.-R.-Sch.	Über das Methangleichgewicht. Die Beziehung zwischen Nickel u. Wasserstoff u. einige Methansynthesen mit Calciumhydrür.	Chem.-techn. Inst.	Mayer	Karlsruhe
10	**Friedrich Weber**	3690	R.-G.	Über die Einwirkung von Kohlenoxyd auf Natronlauge.	Physik.-chem. Inst.	Haber	
11	**Ludwig Bohrmann**	5412	R.-G.	Das Nitroacetonitril.	Chem. Inst.	Scholl	
12	**Karl Warth**	4493	O.-R.-Sch.	Kann ein Element positive und negative Jonen bilden.	Physik.-chem. Inst. Leipzig	Le Blanc	
13	**Paul Krassa**	fehlt	Staats-realschule D.	Das elektromotorische Verhalten des Eisens mit besonderer Berücksichtigung der alkalischen Lösungen.	Phys.-chem. Inst.	Haber	
14	**Emil Heuser**	4506	R.-G.	Über Oxalmalonsäureester.	Chem. Inst.	Scholl	

Universität Kiel.

1	**Ludwig Tank**	4853	O.-R.-Sch.	Untersuchungen über die Beständigkeit der Ringsysteme. Die Aufspaltung des Cyclopentens zum Glutardialdehyd und zur Glutaraldehydosäure. Zur Kenntnis des Azelaons (Cyclooctanon).	Chem. Inst. d. Univ. Kiel	C. Harries	Kiel
2	**Alfred Himmelmann**	4863	R.-G.	Zur Kenntnis d. olefinischen Terpenkörper. Citralreihe und Citronellalreihe.		C. Harries	
3	**Paul Schön**	2249	R.-G.	Synthese des 3,4-Dimethoxy-isochinolin. Ein Beitrag z. Synthese d. Papaverins.		L. Rügheimer	
4	**Ernst Alefeld**	4862	G.	Zur Kenntnis der Aldehydo- und Ketonsäuren: Der Halbaldehyd der Bernsteinsäure. Über die Reduktion der Lävulinsäure.		C. Harries	
5	**Max Boegemann**	4866	R.-G.	Über den Lävulinaldehyd. Zur Kenntnis des Cyclopentadiens u. der Fulvene.		C. Harries	
6	**Robert V. Stanford**	6217	B. S. M. S. King Edw. School Birmingham	Über den Abbau des Sericins aus Seidenleim durch Ozon.		C. Harries	
7	**Paul Krebs**	4841	G.	Untersuchungen in der Glyoxalinreihe.		H. Biltz	

Universität Königsberg.

Laufende No.	Name des Promovierten	No. des Verbands-zeugnisses	Vorbildung	Titel der Dissertation	Bezeichnung des Laboratoriums	Name des Dozenten, welcher die Arbeit geleitet hat	Ort der Promotion ev. Fehlanzeige
1	**Walter Bergan**	2032	R.-G. Ab.	Acetylendikarbonsäure und Tribrombernsteinsäure.		Lossen Klinger	
2	**Fritz Schultze**	2861	G. Ab.	Halogene auf Salicylsäure in alkalischer Lösung.		Lassar-Cohn	
3	**Alfred Riesz**	3364	G. Ab.	Tetraphenylenbernsteinsäure.		Klinger	
4	**Leiba Chazanowski**	2874	Privat	Bildung von Jodaten aus chlorsauren und bromsauren Salzen.	Chem. Univ.-Lab. Königsberg	Klinger	
5	**Wallfried Martinoff**	3362	G.	Kondensationsprodukte von Benzil und ein Dinitrobenzil.		Klinger	Königsberg
6	**Josef Löwenstein**	3363	O.-R. Sch.	Verhalten aromatischer Oxykarbonsäuren und Oxysulfosäuren sowie ihrer Ester beim Benzoylieren nach Schotten.		Lassar-Cohn	
7	**Bery Hermer**	2872	O.-R. Sch.	Verhalten des Chlorwasserstoffäthers.		Klinger	
1	**Vageler, Hans**	3430	G.	Untersuchungen über das Vorkommen von Phosphatiden in vegetabilischen und tierischen Stoffen.	Agrikultur-Chem. Institut	Stutzer	Königsberg

Universität Leipzig.

Laufende No.	Name des Promovierten	No. des Verbands-zeugnisses	Vorbildung	Titel der Dissertation	Bezeichnung des Laboratoriums	Name des Dozenten, welcher die Arbeit geleitet hat	Ort der Promotion ev. Fehlanzeige
1	**Otto Jüntgen**	5345	O.-R.-Sch.	Drei Bisdiphenylenfulgide, ihre Konstitution, Farbe u. Verhalten gegen Licht und Wärme.		Stobbe	
2	**Carl Otto Horn**	3736	Ap. I	Verseifungsgeschwindigkeit von Mono- u. Diaethylestern zweibasischer Säuren und Konfigurationsbestimmung mehrerer ungesättigter Dicarbonsäuren.	Chem. Lab. der Univ. Leipzig	Stobbe	Leipzig
3	**Harald Kalning**	4640	G.	Einige Triarylfulgide und ihre Photoanhydride.		Stobbe	

4	**Gustav Reddelien**	4574	G.	Über die Kinetik der photochemischen Reaktion bei den Fulgiden.	Chem. Lab. der Univ. Leipzig	Stobbe	Leipzig
5	**Paul Ruggli**	4050	G.	Zur Konstitution der Trithiocyanursäure und der Thiooxanilide.		Hantzsch	
6	**Hans Leupold**	2248	G.	Polymerie als Ursache der Farbverschiedenheit von Acridin- und Chinolinsalzen.		Hantzsch	
7	**Rudolf Bauer**	5343	G.	Synthesen von asymmetrischen Dialkyläpfelsäuren und Dialkyloxalessigestern sowie Beiträge zur Darstellung von α-Halogenfettsäureestern.		Rassow	
8	**Waldemar Fischer**	5766	Ing.-Dipl.	Über die Kinetik der Bildung und Verseifung von Salpetrigsäureestern. Über Tris- und Oxytris-Diketohydrinden.		Hantzsch	
9	**Fritz Werner**	4629	R.-G.	Über Salz- und Komplexsalzbildung bei Iminoverbindungen.		Ley	
10	**Friedrich Hilscher**	5349	Gew.-Ak. abs.	Über gelbe und violette Salze und Sulfonsäuren von Aminoazokörpern.		Hantzsch	
11	**Erich Hartmann**	6691	G.	Zur Bildung neuer Cycloverbindungen aus Dicarboxylglutakonsäureester.		Guthzeit	
12	**Ernst Leskien**	5350	G.	Über verschiedenfarbige Modifikationen von Orthonitrophenolderivaten.		Hantzsch	
13	**Georg Kanasinski**	5357	G.	Über verschiedenfarbige Salze aus Nitrobenzaldoximen, Nitrodiazohydraten u. Nitrolsäuren.		Hantzsch	
14	**Edgar P. Hedley**	5767	B. S.	Spektroskopische Untersuchung isomerisierbarer Nitrokörper im Ultraviolett. — Untersuchungen über Pseudosäuren.		Hantzsch u. Ley	
15	**Norman Picton**	5765	B. S.	Über Umlagerungen aromatischer Nitrokörper.		Hantzsch	
16	**Robert H. Clark**	5770	B. A.	Über Farbveränderungen konstitutiv veränderlicher und unveränderlicher Verbindungen durch Lösungsmittel und durch Salzbildung.		Hantzsch	
17	**Ernst Köppe**	4621	R.-G.	Über Farbe und Konstitution der Para-Oxyazoverbindungen.		Hantzsch	

Universität Leipzig. Fortsetzung.

Laufende No.	Name des Promovierten	No. des Verbandszeugnisses	Vorbildung	Titel der Dissertation	Bezeichnung des Laboratoriums	Name des Dozenten, welcher die Arbeit geleitet hat	Ort der Promotion ev. Fehlanzeige
1	**D. Raichinstein**	6288	G. Ab.	Das Amphoteritätsproblem und die elektromotorische Wirksamkeit.		Le Blanc	
2	**C. Dombrowski**	5346	G. Ab.	Über die Einwirkung der verschiedenen Stoffe, insbesondere des Wasserstoffsuperoxyds auf die photograph. Platte.		Luther	
3	**H. M. Masius**	5162	G. Ab.	Über die Adsorption in Gemischen.	Physik.-chem. Inst.	Freundlich	Leipzig
4	**J. H. Davies**	5793	B. S.	Untersuchungen über die Bildung und Zersetzung von Ammoniak durch die stille elektrische Entladung in einem Siemensrohre unter besonderer Berücksichtigung der Gültigkeit des Gesetzes der Massenwirkung.	Leipzig	Le Blanc	
5	**Warth**	4493	O.-R.-Sch. Ab.	Kann ein Element positive und negative Jonen bilden.	Physik.-chem. Inst. Leipzig u. Elektro-	Le Blanc	Karlsruhe
6	**J. J. v. Kinsky**	6282	O.-R.-Sch.	Die Elektrizitätsleitung in Metallen und Amalgamen.	chem. Inst. Karlsruhe	Le Blanc	
1	**Theodor Klopfer**	4299	R.-G. Ab. Ap. I	I. Zur Kenntnis der Schwefelchloride. II. Versuche zur Aufklärung und Beseitigung von Fehlern bei der ebullioskopischen Molekulargewichtsbestimmung.		Beckmann	
2	**Bernhard Held**	4296	Ap. I	Beiträge zur physikalisch-chemischen Prüfung von Drogen.	Lab. f. angew. Chemie d. Univers.	Beckmann	Leipzig
3	**Ernst Müller**	5110	G. IIa Ap. I	Über Menthon und Pulegon.	Leipzig	Beckmann	
4	**Apostolos Sourlis**	5523	G. zu Piraeus abs.	I. Zur Kenntnis der Dihydroxylaminverbindungen. II. Reduktionsversuche von o-Nitrokörpern.		Heller	

5	**Wilhelm Galleh**	5517	G. Ab.	I. Technische Ausgestaltung der Sandmeyerschen Reaktion. II. Über den Einfluß variierter Mengen Alkali auf die Bildung von Phenoltrisazobenzol.	Lab. f. angex. Chemie d. Univers. Leipzig	Heller	Leipzig
6	**Moriz Major**	5105	G. Ab.	Zur Kenntnis der phosphorigen und unterphosphorigen Säure.		Sieverts	
7	**Rudolf Flebbe**	5520	G. IIa Ap. I	I. Die Stereoisomerie der N-Alkylaldoxime. II. Beiträge zur Kenntnis des Kupferacetylürs.		Scheiber	
8	**Kurt Schülke**	4439	G. IIa	Beiträge zur Kenntnis der Friedel- und Craftsschen Reaktion.		Heller	
9	**Julius Sölling**	4297	G. IIa Ap. I	I. Beiträge zur Kenntnis des Methylisoxazolons. II. Reduktion der Orthonitrobenzoesäure und der Orthonitromandelsäure.		Heller	
10	**Johannes Hagenacker**	5512	O.-R.-Sch. Ab.	I. Über die Lösung von Gasen in Metallen. II. Über die Dissoziationsspannung einiger Metalloxyde.		Sieverts	
1	**Carl Neumann**	2399	R.-G.	Über die Anwendung d. Carbaminoreaktion.	Chem. Lab. des physiol. Inst	M. Siegfried	
2	**Chaim Buslik**	2391	Russ. G.	Zur Kenntnis der Hydrolyse der Edestins.		M. Siegfried	

Universität Marburg.

1	**Ernst Hempelmann**	5098	G. Ab.	Über Ketochloride d. a-Methylnaphtalins.	Chem. Inst. Marburg	K. Fries	Marburg
2	**Rudolf Brune**	5062	G. Ab.	Über Schwefelderivate aus o-Kresol.		Zincke	
3	**Wilhelm Breitwieser**	3868	G. Ab.	Einwirkung von Brom und von Salpetersäure auf p-Xylenol.		Zincke	
4	**Wilhelm Frohneberg**	5681	R.-G. Ab.	Über Dithiohydrochinon.		Zincke	
5	**Sebastian Bamberger**	5683	R.-G. Ab.	Über 6 Oxy-1,2-Toluylsäure.		Zincke	
6	**Paul Moskopp**	3259	R.-G. Ab.	Über Derivate des o-Vinylphenols.		K. Fries	
7	**Carl Zahn**	5077	O.-R.-Sch. Ab.	Über 1,2-Methylphenylglykole.		Zincke	
8	**G. Finck**	5078	O.-R.-Sch. Ab.	Über Homologe des 2-Cumaranons und indigoide Verbindungen aus denselben.		K. Fries	

Universität Marburg. Fortsetzung.

Laufende No.	Name des Promovierten	No. des Verbands-zeugnisses	Vorbildung	Titel der Dissertation	Bezeichnung des Laboratoriums	Name des Dozenten, welcher die Arbeit geleitet hat	Ort der Promotion ev. Fehlanzeige
1	**Gerhard Kunze**	5604	G. Ab.	Über Guanidinabkömmlinge.	Pharm.-chem. Inst.	E. Schmidt	Marburg
2	**Franz Lehmann**	5605	G. Ab.	Über maßanalytische Methoden zur Bestimmung von Zuckerarten.	Pharm.-chem. Inst.	E. Rupp.	Marburg
3	**Samuel Goy**	4321	G. Ab.	Über das Quecksilberoxycyanid und andere Quecksilbercyanverbindungen.	Pharm.-chem. Inst.	E. Rupp	Marburg

Universität München.

Laufende No.	Name des Promovierten	No. des Verbands-zeugnisses	Vorbildung	Titel der Dissertation	Bezeichnung des Laboratoriums	Name des Dozenten, welcher die Arbeit geleitet hat	Ort der Promotion ev. Fehlanzeige
1	**Max Hartmann**	4041	Schweiz. Kant. Sch.	Über den Mechanismus der Kupplungsreaktion.	Chem. Lab. des Staates	Dimroth	München
2	**Maximilian Göttler**	4929	G.	Über einige Additions- und Kondensationsprodukte der Halogenacetamide und ihrer N-Methylolverbindungen.	Chem. Lab. des Staates	Einhorn	München
3	**Arthur Kron**	4012	G.	Über die Acetessigester-Kondensation und ihre Umkehrung.	Chem. Lab. des Staates	Dieckmann	München
4	**Friedrich Leuchs**	4020	R.-G.	Die Reduktion des o-Nitranilins und die Gewinnung aromatischer Derivate des Porphyrexins.	Chem. Lab. des Staates	Piloty	München
5	**Georg Ebert**	4073	G.	Über die Reaktion zwischen Phenylmagnesiumbromid und anorganischen Chloriden.	Chem. Lab. des Staates	K. A. Hofman	München
6	**Karl Ott**	4070	G.	Über Sulfide und Sulfine.	Chem. Lab. des Staates	K. A. Hofmann	München
7	**Günther Bugge**	4067	R.-G.	Über Verbindungen von Metallsalzen mit Nitrilen und Isonitrilen.	Chem. Lab. des Staates	K. A. Hofmann	München
8	**Oskar Dienstbach**	4048	G.	Salzbildung, Umlagerung und Aufspaltung des 1-Phenyl-4-oximido-5-triazolons.	Chem. Lab. des Staates	Dimroth	München
9	**Julius Neresheimer**	4002		Neue Derivate der Malonsäure.	Chem. Lab. des Staates	Piloty	München

10	**James Bruce**	fehlt	B. Sc. der U. London	Über Cyklobuten, Cyklobutan und einige Derivate.		Willstätter	
11	**Wilhelm Meiser**	4021	R.-G.	Über Homophtalsäureester, Oxymethylenhomophtalsäureester und die aus ihm entstehenden Isocumarin- und Isocarbostyrilderivate.	Eidg. Polytechnik. in Zürich	Dieckmann	
12	**Theodor Jenner**	4810	R.-G.	Beiträge zur Kenntnis cyklischer Di- und Trikarbonylverbindungen.		Dieckmann	
13	**Georg Bökman**	4078	O.-R.-Sch. Stockholm	Studien in der Kobaltpentamminreihe.	Chem. Lab. des Staates	K. A. Hofmann	
14	**Siegfried Merzbacher**	4043	G.	Zur Kenntnis der Kondensationsreaktionen der Azide.		Dimroth	
15	**Alexander v. Bagh**	4054	G. St. Petersburg	Einige neue Salicylderivate.		Einhorn	
16	**H. Eduard Müller**	fehlt	G. in Gand	Zur Kenntnis des Brenzkatechins und des Orthochinons.	Eidg. Polytechn. in Zürich	Willstätter	München
17	**Johanna Maas**	4036	Mädch.-G. Karlsruhe	Hexarhodanatsalze des Molybdäns.	Chem. Lab. des Staates	Sand	
18	**Franz Grammling**	4059	G.	Studien über komplexe Chromverbindungen und über Malachitgrün.		Sand	
1	**Hans Schultze**	4928	R.-G.	Über Vanadin-Schwefelverbindungen.	Lab. f. angew. Chem. an d. Kgl. Univ. München	Dr. Prandtl	
2	**Oskar Rothacker**	5671	G. Ab.	Über das 1-Phenyl-3-Methyl-5-Pyrazolon.	Organ.-chem. Lab. d. Techn. Hochschule in Dresden u. Lab. f. angew. Chem. an d. K. Univ. München	R. v. Walther, A. Heiduschka	

Technische Hochschule München.

1	**Friedrich Jakob**	fehlt	D[1]).	Partielle Elektroinduktion aromatischer Polynitrokörper mit Hilfe von Vanadinverbindungen.	Elektrochem. Lab.	Muthmann	München

[1]) Die Kandidaten, denen kein Verbandszeugnis ausgestellt worden ist, haben das Diplomexamen (D.) oder die Lehramtsprüfung (L.) abgelegt.

Technische Hochschule München. Fortsetzung.

Laufende No.	Name des Promovierten	No. des Verbands-zeugnisses	Vorbildung	Titel der Dissertation	Bezeichnung des Laboratoriums	Name des Dozenten, welcher die Arbeit geleitet hat	Ort der Promotion ev. Fehlanzeige
2	**Wilhelm Schwarz**	fehlt	D. Ind.-Sch.	Über die Sulfonierung von p-Nitro-m-Kresol.	Chem.-techn. Lab.	Schultz	München
3	**Alfred Michel**	fehlt	D.	Versuche üb. Darstllg. Magnesium-Baryumlegierungen durch Schmelzelektrolyse.	Unorgan. Lab.	Muthmann	München
4	**Franz Kohn**	fehlt	D.	Photo-elektromotorische Untersuchungen von Merkuri- und Ferrichlorid-Ammonoxalat-Mischungen.	Elektrochem. Lab.	Muthmann	München
5	**Martin Strell**	fehlt	L. G.	Über die Fällungsbedingungen für Kupfer und Blei durch Schwefelwasserstoff aus neutralen und salzsauren Lösungen und die Anwendung der gewonnenen Ergebnisse zu einer quantitativen Trennung der beiden Metalle.	Unorgan. Lab.	Muthmann	München
6	**Heinrich Beyschlag**	fehlt	D.	Über die Einwirkung von Schwefel auf Metatoluylendiamin.	Chem.-techn. Lab.	Schultz	München
7	**Richard Lehmann**	fehlt	D. Ind.-Sch.	Untersuchungen über Zirkonoxyd und seine Verwendung.	Unorgan. Lab.	Muthmann	München
8	**Ludwig Kaufmann**	fehlt	D. Ind.-Sch.	Über die Einwirkung von unterchloriger. Säure auf Olephinphenole und Olephinphenoläther.	Organ.-chem. Lab.	Lipp	München
9	**Georg Schärtel**	fehlt	L. Ind.Sch.	Über einige Kondensationsprodukte aus Salicyliden- und Hydrocyansalicylidenanilin.	Organ.-chem. Lab.	Lipp	München
10	**Eugen Kuhn**	fehlt	D. Ind.-Sch.	Über Ghedda-Wachs.	Organ.-chem. Lab.	Lipp	München
11	**Fritz Söllner**	fehlt	D. Ind.-Sch.	Zur Kenntnis des Dimethylol-α-Pikolins.	Organ.-chem. Lab.	Lipp	München
12	**Georg Herrmann**	4722	D. Ind.-Sch.	Über die elektrolytische Darstellung von Chromosalzen.	Elektrochem. Lab.	Muthmann	München

13	**Hans Vestner**	fehlt	L. G.	Über die quantitative Trennung des Zinks von Mangan, Eisen, Nickel und Kobalt durch Schwefelwasserstoff in schwach mineralsaurer Lösung.	Unorgan. Lab.	Muthmann	München
14	**Hans Herrle**	fehlt	D.	Elektrolysen mit Wechselstrom.	Elektrochem. Lab.	Muthmann	München
15	**Alwin Schleicher**	7851	O.-R.-Sch.	Unterschiede in der Rostneigung einiger Eisenmaterialien.	Chem.-techn. Lab.	Schultz	München
16	**Anton Stimmelmayr**	fehlt	L. Ind.-Sch.	Über die Darstellung und Untersuchung von regulinischem Wolframmetall.	Unorgan. Lab.	Muthmann	München
17	**Gottfried Vervuert**	fehlt	G. D. (Freiberg)	Die quantitative Bestimmung des Zinns als Dioxyd.	Unorgan. Lab.	Muthmann	München
18	**Richard Harster**	fehlt	L. G.	Vergleichende Untersuchungen über die Ermittlung des Wirkungswertes einer salzsauren Zinnchlorürlösung unter Anwendung verschiedener Urprüfungssubstanzen.	Unorgan. Lab.	Muthmann	München
19	**Eugen Neumann**	fehlt	D. Ind.-Sch.	Darstellung und Untersuchung regulinischen Zirkoniums.	Unorgan. Lab.	Muthmann	München
20	**Heinrich Müller**	6260	O.-R.-Sch. D.	Über ein Kondensationsprodukt aus Phtalsäureanhydrid und 1-Phenol-3-methyl-5-Pyrazolon und Umwandlungen desselben.	Organ.-chem. Lab.	Lipp	München
21	**Hans Kaiser**	fehlt	D.	Über metallisches Titan.	Unorgan. Lab.	Muthmann	München
22	**Alkibiades Vlachos**	fehlt	D. G.	Kondensation des Acetaldehyds mit Acetophenon.	Organ.-chem. Lab.	Lipp	München
23	**Georg Surabekoff**	fehlt	D. G.	Über die Einwirkung von Nitrobenzol auf Monoketone bei Gegenwart von Natriumalkylat.	Organ.-chem. Lab.	Lipp	München
24	**Theodor Engelhardt**	fehlt	D. Ind.-Sch.	Über die Stickstoffverbindgn. d. Siliciums.	Unorgan. Lab.	Muthmann	München
25	**Max Landecker**	fehlt	D. Ind.-Sch.	Untersuchungen über die quantitative Bestimmung der Erdsäuren.	Unorgan. Lab.	Muthmann	München
26	**Waclaw von Iwanowski**	fehlt	D. G.	Über Bestimmung des Wertes und Preises der Brennereikartoffelschlempe.	Gärungschem. Lab.	Lintner	München
27	**Hans Leberle**	fehlt	L. G.	Beiträge z. Kenntnis d. Gattung Mycoderma.	Gärungschem. Lab.	Will	München

Universität Münster i. W.

Laufende No.	Name des Promovierten	No. des Verbandszeugnisses	Vorbildung	Titel der Dissertation	Bezeichnung des Laboratoriums	Name des Dozenten, welcher die Arbeit geleitet hat	Ort der Promotion ev. Fehlanzeige
1	**Ernst Luchmann**	4313	R.-G. Ab.	Über die Verwendung des Kaliumferricyanids in der Maßanalyse.	Chem. Inst. d. Univ. Münster	Salkowski	Münster i/W.
2	**Albert Loeb**	5244	R.-G. Ab.	Über die Rotationsdispersion farbiger Lösungen.	Inst. f. Zuckerindust. Berlin	Großmann	Münster i/W.
3	**Guido Daur**	3604	R.-G. Ab.	Untersuchungen über das Verhalten von Farbstoffgemischen bei der Sensibilisierung von Bromsilber-Gelatine-Trockenplatten.	Techn. Hochschule Charlottenburg	Miethe	Münster i/W.

Universität Rostock.

Laufende No.	Name des Promovierten	No. des Verbandszeugnisses	Vorbildung	Titel der Dissertation	Bezeichnung des Laboratoriums	Name des Dozenten, welcher die Arbeit geleitet hat	Ort der Promotion ev. Fehlanzeige
1	**Hans Altgelt**	4686	O.-R.-Sch. Ib	Über geometrisch isomere Derivate des Diphenylaethylens und Diphenylpropylens.	Univ. Rostock	Prof. Stoermer	Rostock
2	**Hermann Baum**	4462	Ap.	Über Derivate des 1Phenyl-3-essigsäure-5-pyrazolons.	Univ. Rostock	Prof. Michaelis	Rostock
3	**Julius Leo**	5153	Ap.	Beiträge zur Kenntnis der Anhydride der o-Carboxylphenyl-5-pyrazolone.	Univ. Rostock	Prof. Michaelis	Rostock
4	**Konrad Schenk**	5830	G. Ab.	Über eine neue Synthese von 3,5-Pyrazolidonen oder 3 Hydroxyl-5-pyrazolonen.	Univ. Rostock	Prof. Michaelis	Rostock
5	**Arno Voigt**	2219	O.-R.-Sch. Ia	Versuche zum Aufbau von Isocumarilsäure und Isocumaranilsäure.	Univ. Rostock	Prof. Stoermer	Rostock
6	**Alfred Klewitz**	186	Ap.	Über die Einwirkung von Saeurechloriden auf einige aromatische Säuren und deren Ester.	Univ. Rostock	Kunckell	Rostock
7	**Egon Friderici**	7694	Ap. I	Über stereoisomere β-Arylzimtsäuren.	Univ. Rostock	Prof. Stoermer	Rostock
8	**Alfred Richartz**	3756	R.-G. Ia	Über Dichlor- und Halogenamino-Chloracetylbenzole und deren Derivate.	Univ. Rostock	Kunckell	Rostock

9	**Erich Hadank**	3946	R.-G. Ia	Untersuchungen über das 1, 3-Dimethyl-5-pyrazolon und andere Kondensationsprodukte des Methylhydrazins.	Univ. Rostock	Prof. Michaelis	Rostock
10	**Gregor Himmelfarb**	2849	G. Ia	Über stereoisomere Verbindungen aus der Gruppe des Diphenylpropylens.		Prof. Stoermer	
11	**Johann Ernst Bosz**	fehlt	O.-R.-Sch. Ab. Dr. Ex. in Amsterdam	Über die Pyrine des 1-Benzyl-3-methyl-5-pyrazolons.		Prof. Michaelis	
12	**Diedrich Johannsen**	5601	Ap. II	Über Thiopyrazolone.		Prof. Stoermer	
13	**Fredi Mahlow**	2855	G. Ab.	Über Thioderivate des Chinolins und Chinaldins.		Prof. Michaelis	
14	**Ernst Wulle**	5155	Ap. I	Über Acetyl-Xylylcyanide und einige Glyoxyl-Tolylessigsäuren.		Prof. Kunckell	
15	**Friedrich Flos**	4946	G. Ia	Über Acetylbenzylcyanide.		Prof. Kunckell	

Universität Strassburg.

1	**Gerhard Steimmig**	4816	Ap. Note I	Über 7-gliedrige Ringe aus o-Diketonen und o-Diaminen.	Univ.-Lab. Straßburg	Thiele	Straßburg
2	**Ernst Weitz**	4817	G.	Reaktionen des o-Phtalaldehyds.		Thiele	
3	**Fritz Caspari**	3816	G.	Zur Kenntnis des Dicinnamenylmethans.		Straus	
4	**Alfred Reis**	4824	G.	Über die Reduktion ungesättigter Carbonsäuren und den Ersatz der Diazogruppe durch Wasserstoff.		Thiele	
5	**Arthur Cox**	4828	B. S.	Über 7-gliedrige Ringe.		Thiele	
6	**Renatus Haas**	4812	G.	Über die Einwirkung von o-Phenylendiamin auf Maleinsäureanhydride.		Thiele	
7	**Henry Armes**	4830	B. S.	Über Diphenylpentensäuren ($\alpha\beta$ und $\beta\gamma$).		Thiele	
8	**Erwin Ott**	4826	O.-R.-Sch.	Versuche zur Darstellung von Allenketenen; Über Malonsäurehalbchloride, Malonsäureanhydride und deren Überführung in Ketene.	Univ.-Lab. Straßburg u. Techn. Hochsch. Karlsruhe	Staudinger	

Universität Strassburg. Fortsetzung.

Laufende No.	Name des Promovierten	No. des Verbands-zeugnisses	Vorbildung	Titel der Dissertation	Bezeichnung des Laboratoriums	Name des Dozenten, welcher die Arbeit geleitet hat	Ort der Promotion ev. Fehlanzeigr
9	**Fred. Barrow**	4829	B. S.	Über die Kondensation von p-Nitrobenzal- und p-Nitrobenzylchlorid mit Aldehyden	Univ.-Lab. Straßburg	Thiele	Straßburg
10	**Hermann Hildebrand**	4819	G.	Über Polymerisation des asymmetrischen Diphenyläthylens.		Thiele	
11	**Paul Wack**	3518	G.	Zur Kenntnis der Trimellithsäure.		Thiele	

Technische Hochschule Stuttgart.

Laufende No.	Name des Promovierten	No. des Verbands-zeugnisses	Vorbildung	Titel der Dissertation	Bezeichnung des Laboratoriums	Name des Dozenten, welcher die Arbeit geleitet hat	Ort der Promotion ev. Fehlanzeigr
1	**Imanuel Friz**	5891	O.-R.-Sch. Ab. u. Ap.	Über Derivate des Hydrochinons.	Lab. f. reine u. pharm. Chemie	H. Kauffmann	Stuttgart
2	**Julius Söll**	5892	G. Ab.	Über die Gewinnung von Morpholchinon aus Phenanthren.		J. Schmidt	
3	**Oskar Schaal**	5907	O.-R.-Sch. Ab.	Über die Verwendung von Cyclohexylmagnesiumjodid zur Synthese von alicyclischen Verbindungen. Beiträge zur Kenntnis der Grignardschen Reaktion.		Hell	
4	**Alfred Bogisch**	5901	O.-R.-Sch. Ab.	Über die Einwirkungsprodukte magnesiumorganischer Verbindungen auf o-Methoxytolylphenylketon und o-Methoxytolylmethylketon und über den Einfluß der Parastellung der Methoxylgruppe auf die Eigenschaften derartiger Verbindungen.		Hell	
5	**Hermann Stützel**	5893	O.-R.-Sch. Ab.	Studien in der Fluorenreihe.		J. Schmidt	

Universität Tübingen.

1	**Martin Rödiger**	4774	G.	Studien über das Santonin und seine Halogenderivate.	Univ.-Lab. Tübingen	E. Wedekind	
2	**Robert Schäfer**	4383	Ap. I	Über die Kondensation von Benzoylameisensäureester mit Ketonen.		W. Wislicenus	
3	**Max Fiederer**	8043	G.	I. Über Verbindungen des Chroms, in welchen es fünfwertig auftritt. — II. Über Salze eines Acetato- und einer Propionatochrombase.		R. Weinland	
4	**Hans Filchner**	2369	Ap. I	Versuche zur Darstellung von Pyridonderivaten.		K. Bülow	
5	**Ernst Moser**	5972	Kant.-Sch.	Zur Kenntnis aromatischer Sulfaminsäuren.	Univ.-Lab. Tübingen u. Lab. v. H. Weil in München	Hugo Weil	
6	**Ferdinand Reischle**	5971	Ap. I	I. Über Fluorhydrate einiger sehr schwacher organischer Basen. — II. Über ein Jodoxyfluorid, über fluorierte Jodate und Jodoverbindungen.		R. Weinland	
7	**Rudolf Grützner**	4780	G.	Untersuchungen über die Kondensation von Alkylnitraten und Nitriten und reaktionsfähigen Methengruppen.		W. Wislicenus	Tübingen
8	**Hermann Sigeneger**	4772	O.-R.-Sch.	Über den β-Cyanpropionsäureester und seine Kondensation mit Oxalester.		W. Wislicenus	
9	**Fritz Weber**	4861	Ap. I	Zur Kenntnis des Amidotriazols und seiner Dialkylderivate.	Univ.-Lab. Tübingen	K. Bülow	
10	**Friedrich Paschke**	778	Ap. I	I. Erklärung der Autoracemisation der quartären Ammoniumsalze. — II. Der Lösungszustand der quartären Ammoniumsalze in Chloroform und Bromoform.		E. Wedekind	
11	**Emil Kleisinger**	4779	O.-R.-Sch.	Synthesen mittels Kaliumäthylat.		W. Wislicenus	
12	**Otto Schaerer**	4777	Kant.-Sch.	Zur Kenntnis der Methylengruppe des Malonsäuredihydrazids und seiner Derivate.		K. Bülow	
13	**Ernst Bames**	4790	G.	Über Rhodanato-Stannate.		R. Weinland	

Universität Würzburg.

Laufende No.	Name des Promovierten	No. des Verbands-zeugnisses	Vorbildung	Titel der Dissertation	Bezeichnung des Laboratoriums	Name des Dozenten, welcher die Arbeit geleitet hat	Ort der Promotion ev. Fehlanzeige
1	**Willy Kampschulte**	5139	R.-G.	Beiträge zur Kenntnis des Ozons.	Chem. Inst. Würzburg	Manchot	Würzburg
2	**Karl Neukam**	2973	Ind.-Sch.	Studien im Adrenalingebiet.	Chem. Inst. Würzburg	Hermann Pauly	Würzburg
3	**E. P. Frankland**	5138	B. E. Cambridge	Gewinnung von Diaminosäure aus Desoxxanthinen.	Chem. Inst. Würzburg	Tafel	Würzburg
4	**Karl Gundermann**	5134	R.-G.	Über jodbindende Systeme in den Eiweißspaltkörpern.	Chem. Inst. Würzburg	Hermann Pauly	Würzburg
5	**Georg Stamm**	5125	O.-R.-Sch.	Einwirkung von Dinitrophenylpyridinchlorid auf merkurierte Amine. Einwirkung von Chlorbinitrobenzol auf Pyridinbasen.	Chem. Inst. Würzburg	Reitzenstein	Würzburg
1	**Friedrich Decker**	3459	Ap.	Beiträge zur Kenntnis des Crocetins.	Pharmazeut. Inst. (Lab. f. angew. Chemie)	Medicus	Würzburg
2	**August Grohmann**	2979	G. Ab.	Beiträge zur Frage des Nachweises von Neutralisationsmitteln im Bier.	Pharmazeut. Inst. (Lab. f. angew. Chemie)	Medicus	Würzburg

I.

Übersicht über die Promotionen.

Die Zahlen unter:

I beziehen sich auf Promovierte **mit** Verbandszeugnis,
II. » » » » **ohne** » aber **mit** einer gleich- oder höherwertigen Prüfung,
III. » » » » **ohne** » und **ohne** gleich- oder höherwertige Prüfung,
IV. » » » » bei denen es nicht feststeht, ob nur die Nummer des Zeugnisses nicht zu ermitteln war, oder ob die Verbandsprüfung nicht abgelegt worden ist.

V. sind die Summen von I—IV.

Ort	Charakter der Hochschule	Bezeichnung des Laboratoriums	I.	II.	III.	IV.	V.
Aachen	Technische Hochschule	Anorg. Lab.	1	—	—	—	1
Berlin	Universität	I. Ch. Lab.	30	1	—	—	31
Berlin	»	Ph.-Ch. Inst.	3	—	—	—	3
Berlin	»	Technolog. Inst.	3	—	—	—	3
Berlin	Technische Hochschule	Org. Lab.	7	—	—	—	7
Berlin	» »	El.-Ch. Lab.	3	—	—	—	3
Berlin	» »	Techn.-Ch. Lab.	5	—	—	—	5
Berlin	Landwirtsch. Hochschule	Ch. Lab.	3	—	—	—	3
Bonn	Universität	Ch. Lab.	5	—	—	—	5
Braunschweig	Technische Hochschule	Chem. Lab. u. Ph.-Ch. Lab.	2	—	—	—	2
Braunschweig	» »	Pharm. Inst.	4	2	—	—	6
Breslau	Universität	Ch. Inst.	7	—	—	—	7
Breslau	»	Pharm. Inst.	2	—	—	—	2
Darmstadt	Technische Hochschule	Chem.-techn. u. elektroch. Inst.	—	2	—	—	2
Dresden	» »	Ch. Lab.	16	3	1	—	20
Erlangen	Universität	Ch. Lab.	15	—	—	—	15
Erlangen	»	Pharm.-Ch. Inst.	4	—	—	—	4
Freiburg	»	Ch. Lab. (philos. Abt.)	18	—	—	—	18
Freiburg	»	Chem. Lab. (med. Abt.)	1	—	—	—	1
Gießen	Universität	Ch. Lab.	7	—	1	—	8
Gießen	»	Ph.-Ch. Inst.	6	1	—	—	7

Ort	Charakter der Hochschule	Bezeichnung des Laboratoriums	I.	II.	III.	IV.	V.
Göttingen	»	Allg. Ch. Lab.	9	—	—	—	9
Göttingen	»	Ph.-Ch. Inst.	4	—	—	—	4
Greifswald	»	Ch. Inst.	3	—	—	—	3
Halle	»	Ch. Inst.	11	—	—	—	11
Hannover	Technische Hochschule	Anorg.-chem. Lab	—	1	—	—	1
Hannover	» »	Org.-Ch. Lab.	1	2	—	—	3
Heidelberg	Universität	Ch. Labb.	13	—	—	—	13
Jena	»	Ch. Labb.	8	—	—	—	8
Karlsruhe	Technische Hochschule	Ch. Labb.	11 *)	1	—	—	12
Kiel	Universität	Ch. Lab.	7	—	—	—	7
Königsberg	»	Chem. Lab.	7	—	—	—	7
Königsberg	»	Agrikult.-chem. Inst.	1	—	—	—	1
Leipzig	»	Ch. Lab.	17	—	—	—	17
Leipzig	»	Ph.-Ch. Inst.	6	—	—	—	6
Leipzig	»	Lab. f. angew. Ch.	10	—	—	—	10
Leipzig	»	Ch. Lab. d. physiol. Inst. . . .	2	—	—	—	2
Marburg	»	Ch. Inst.	8	—	—	—	8
Marburg	»	Pharm.-Ch. Inst.	3	—	—	—	3
München	»	Lab. des Staates	16	1	1	—	18
München	»	Lab. f. angew. Ch.	2	—	—	—	2
München	Technische Hochschule	Ch. Lab.	3	24	—	—	27
Münster	Universität	Ch. Inst.	3	—	—	—	3
Rostock	»	Ch. Lab.	14	1	—	—	15
Straßburg	»	Ch. Lab.	11	—	—	—	11
Stuttgart	Technische Hochschule	Lab. f. reine u. pharm. Ch. . . .	5	—	—	—	5
Tübingen	Universität	Ch. Lab.	13	—	—	—	13
Würzburg	»	Ch. Inst.	5	—	—	—	5
Würzburg	»	Pharm. Inst.	2	—	—	—	2
			337	39	3	—	379

*) 2 Kandidaten haben die Arbeit in Leipzig gemacht und sind dort gezählt.

K.

Alphabetisches Verzeichnis der Kandidaten.

E bezieht sich auf Ergänzungsprüfung.
P » » » Promotion.
V » » » Verbandsprüfung.

Abraham, Felix 36. V.
Abrahamsohn, Boris 17. V.
Achterfeldt, Friedr. 52. P.
Aitken, John 60. P.
Albers, Fritz 27. V.
Albert, August 45. P.
Alefeld, Ernst 61. P.
Allihn, Max 31. V.
Altgelt, Hans 70. P.
Altmayer, Viktor 61. P.
Anders, Karl 22. V.
Andersen, Jörgen 22. V.
Andres, Arthur 37. V.
Anthes, Hugo 55. P.
Apitz, Richard 26. V.
Arand, Karl 19. V.
Armes, Henry 71. P.
Arndt, Fritz 54. P.
Aschkenasi, Salo 32. V.
Averbeck, Heinr. 28. V.

v. Bagh, Alexand. 67. P.
Bahr, Fritz 21. V.
Ballheimer, Hans 38. V.
Balling, Andreas 53. P.
Bamberger, Sebastian 65. P.
Bames, Ernst 73. P.
Bandmann, Otto 20. V.
Barrow, Fred 72. P.
Barthelmes, Ernst 36. V.
Bartnicki, Juljan 30. V.
Bassermann, Heinr. 20. V.
Bauer, Adolf 53. P.
Bauer, Rudolf 63. P.
Bauernschäfer, Willy 26. V.
Baum, Herm. 70. P.
Beckmann, Carl 21. V.
Behnke, Max 35. V.
Behr, Moses 31. V.
Bendixsohn, Kurt 46. P.
Benedek, Czeslaw 29. V.
Benzinger, Hans 28. V.
Berezowski, Witold 30. V.
Berg, Adolf 20. V.
Bergan, Walter 62. P.
v. Bergen, Julius 30. V.
Berger, Arthur 32. V.
Bergner, Edgar, 28. V., 42. E.
Bergström, Isidor 28. V.
Berkold, Oswald 47. P.
Berlin, Ernst 34. V.
Berlin, Haskel 28. V.
Bertleff, Viktor 57. P.
Bertram, Hans 17. V.
Betzel, Richard 30. V.
Beutner, Reinhard 60. P.
Beuttel, Friedr. 24. V.
Beyschlag, Heinr. 68. P.
Beysel, Wilh. 35. V.
v. Bezold, Heinr. 44. P.
Biesalski, Ernst 26. V., 57 P.
Bilecki, Robert 19. V.
Bilkin, Theodor 27. V.
Bindewald, Ed. Marcel 38. V.
Birstein, Gustav 29. V., 60. P.
Blendermann, Karl 26. V.
Bleyer, Benno 36. V.
Blezinger, Robert 53. P.
Blum, Paula 55. P.
Bluth, Heinr. 20. V.
Bode, Georg 56. P.
v. Bodecker, Marta 27. V.
Boegemann, Max 61. P.
v. Boehlendorff, Viktor 31. V.
Böhm, Ferd. 31. V.
Böhnisch, Kurt 21. V.
Bökmann, Georg 67. P.
Boennecke, Albin 26. V.
Böttcher, Karl 17. V.
Böttger, Martin 51. P.
Bogisch, Alfred 72. P.
Bohlmann, Rolf 20. V.
Bohrmann, Ludwig 61. P.
Boie, Heinr. 36. V.
Borchers, Aug. 24. V.
Borck, Hermann 55. P.
Borinski, Paul 43. E.
Bornemann, Johannes 37. V.
Bosz, Johann Ernst 71. P.
Bothe, Waldemar 56. P.
Bowles, Percy 59. P.
Brassert, Walter 45. P.
Bratring, Kurt 53. V.
Braun, Hugo 22. V.
Braune, Herm. 30. V., 42. E.
Breitwieser, Wilh. 65. P.
Bretnütz, Alfred 27. V.
Brix, Gustav 18. V.
Brodal, Peter 50. P.
Brodmerkel, Rudolf 36. V.
Bruce, James 67. P.
Bruck, Walter 48. P.
Brune, Rudolf 65. P.
Buchardt, Walter 29. V.
Bugge, Günther 43. E., 66. P.
Bürgin, Ernst 19. V.
Büsche, Carl 18. V.
Büttner, Georg 52. P.
Buslik, Chain 65. P.
Butler, Howard 60. P.

Callan, Thomas 28. V.
Caspar, Carl 20. V.
Caspari, Fritz 71. P.
Castner, Lothar 23. V.
de Ceniga, Alberto 18. V.
de Ceniga, Emilio 18. V.
Chazanowski, Leiba 31. V., 62. P.
Christ, Erhard 21. V.
Claasen, Oswald 20. V.
Clark, Robert H. 63. P.
Clemm, Wilh. 54. P.
Clingestein, Heinr. 59. P.
Cock, Gwendoline 17. V.
Cohn, Karl A. 24. V.
Conradi, Hans 23. V.
Cox, Arthur 71. P.
Cross, William Ernest 26. V.
Czaszar, Jozsef 18. V.
Czensny, Rudolf 32. V.

Dähn, Arnold 36. V.
Dahm, Alexand. 34. V.
Dahmen, Reiner 48. P.
Dahms, Arthur 17. V.
Dahse, Willy 47. P.
Danaila, Negoiza 47. P.

LEIPZIG, OSKAR LEINER. 16036

Heft 11. 19. September 1909.

Berichte

des

Verbandes der Laboratoriums-Vorstände

an deutschen Hochschulen.

Inhalt:

Leipzig
Verlag von Veit & Comp.
1909

FSC
www.fsc.org
MIX
Papier | Fördert
gute Waldnutzung
FSC® C083411

Kolibri 360 GmbH
Ferdinand-Jühlke-Straße 7
99095 Erfurt, Deutschland
produktsicherheit@kolibri360.de